대학 기초수학

윤행원 · 이정례 · 곽태근
이성진 · 김원배 · 김봉진 지음

KYOWOO

머리말

현대 사회는 우리에게 논리적 사고에 근거한 합리적인 판단을 끊임없이 요구한다. 논리적으로 사고하고 합리적으로 문제를 해결하는 능력을 기르는 것이 수학을 공부하는 목적임을 우리는 알고 있다. 왜냐하면, 실체를 취급하는 과학은 실험 학문이지만, 마음속에 존재하는 관념적 대상을 취급하는 수학은 정신 학문이므로 수학은 지적인 사고 능력을 강화시키기 때문이다.

수학의 적용 범위는 확대되어 이제는 산업, 금융, 국방, 정보 통신 등 수학이 미치지 않는 곳이 없다. 따라서 수학은 자연과학과 공학은 물론 사회과학을 전공할 학생들에게 필요할 뿐만 아니라, 일반인에게도 생활의 지혜를 주는 학문이라 해도 과언이 아니다.

그러나 안타깝게도 많은 학생들은 수학을 어렵게만 느끼는 것이 현실이다. 누구나 인정하듯이, 수학적 기초가 굳건하지 않으면 전공 공부는 물론, 미분적분학을 포함한 교양수학 공부조차도 어려움에 부딪히게 될 것이다. 우리는 수학의 기초가 부족하다고 느끼는 학생들과 수학의 기초를 다시 한 번 견고하게 공부하고 싶은 학생들을 위하여 이 책을 세상에 내놓았다. 특히, 이공계 학생들에게 필요한 순수과학 및 응용과학의 기초를 제공하는 교재로 꾸미기 위하여 우리는 엄밀성을 강조하는 증명보다는 수학적 개념을 파악하고 원리를 이해하여 적용하는 데 중점을 두었다.

이 책의 주된 내용으로는 먼저 함수의 극한과 연속에 관한 개념뿐만 아니라, 이미 고등학교에서 배운 삼각함수의 기본성질과 극한을 다루었다. 그리고 미분적분학의 기초인 다항함수의 미분법과 적분법을 다루고 이어서 여러 가지 미분법과 적분법, 그리고 초월함수의 미분과 적분을 다루었다.

이 책은 한 학기 강의에 적합하며, 이 책의 특징은 학생들의 수학적 개념의 이해를 돕기 위해 쉬운 예제를 많이 다루었고, 폭넓은 이해를 위하여 연습 문제를 많이 주었으며, 학생들의 편의를 돕고자 연습 문제의 해답을 제시하였다. 그래서 이 책은 고등학교 수준의 수학을 다시 공부하고, 대학 수학을 공부하기 위한 굳건한 초석이 될 것이라 확신한다.

수학을 지루하게만 느꼈던 학생들도 '수학 공부는 즐겁고, 수학을 공부하면 유익하다'는 것을 깨닫기를 우리는 소망하면서 이 책을 썼다. 하지만, 학생 여러분의 수학에 대한 애정과 노력이 없으면 이 간절한 소망은 물거품이 될 것임을 명심해 주기를 바란다. 끝으로 이 책의 출판을 맡아 주신 도서출판 교우사 여러분께 감사를 표한다.

왕방산 기슭에서 저자 일동

차 례

1 함수의 극한과 연속

이 장에서는 미적분학에서 기본적으로 중요한 개념인 함수의 극한과 연속성에 대하여 공부한다.
이들의 개념과 내용은 그 자체로 수학의 한 분야를 이룰만큼 중요하고 심오하지만 여기서는 미분과 적분을 이해하기 위한 기초적인 내용만을 주로 직관적인 방법으로 다루었다.

1 함수의 극한과 연속

이 장에서는 미적분학에서 기본적으로 중요한 개념인 함수의 극한과 연속성에 대하여 공부한다.
이들의 개념과 내용은 그 자체로 수학의 한 분야를 이룰만큼 중요하고 심오하지만 여기서는 미분과 적분을 이해하기 위한 기초적인 내용만을 주로 직관적인 방법으로 다루었다.

1.1 함　　수

공집합이 아닌 두 집합 A와 B에서, 집합 A의 각 원소 x에 집합 B의 단 하나의 원소 y가 대응하는 대응규칙 f를 A에서 B로의 함수(function)라 하고, $f: A \rightarrow B$로 나타낸다. 이때 집합 A를 함수 f의 정의역(domain), 집합 B를 공변역(codomain)이라 하며, 또 y를 f에 의한 x의 함수값(value) 또는 상(image)이라 하고 $f(x)$로 나타낸다.

집합 A의 원소 x에 집합 B의 원소 y가 대응하는 함수 f의 정확한 표현은

$$f: A \rightarrow B, \quad x \rightarrow f(x)$$

이지만 간편하게 $f: x \rightarrow y$, $f: x \rightarrow f(x)$, $y=f(x)$ 등으로 나타내기도 한다.

일반적으로 함수 $f: x \rightarrow f(x)$의 정의역은 함수값 $f(x)$가 정의되는 실수 x들의 집합이다. 예를 들면 함수

$$f: x \rightarrow \sqrt{x}$$

는 음이 아닌 실수 x에 대해서만 정의된다. 따라서 이 함수 f의 정의역 D는 음이 아닌 실수들의 집합, $D=\{x \in R \mid x \geqq 0\}$이다.

예제 1 다음과 같이 정의되는 함수의 정의역 D를 구하라.

(1) $f(x) = \dfrac{1}{x}$

(2) $g(x) = \dfrac{1}{\sqrt{x^2 - 1}}$

풀이 (1) 함수 f는 분모가 0이 아닌 실수에 대하여 정의되므로 $D=\{x \in \mathbb{R} \mid x \neq 0\}$.

(2) 함수 g는 제곱근 안의 x^2-1의 값이 양수인 실수 x에 대하여 정의되므로

$$D = \{x \in \mathbb{R} \mid x^2 - 1 > 0\} = \{x \in \mathbb{R} \mid x > 1 \text{ 또는 } x < -1\}.$$ ◀

함수 $f: A \rightarrow B$의 함수값들의 집합 $f(A)=\{f(x) \mid x \in A\}$를 f의 치역(range)이라 한다. 그리고 집합 $G=\{(x, f(x)) \mid x \in A\}$를 f의 그래프(graph)라 한다.

예제 2 예제 1의 (2)에서의 함수 g의 치역을 구하라.

풀이 g는 $x^2-1>0$인 실수 x에 대하여 정의되므로 g의 치역은 $\{y \mid y>0\}$이다. ◀

동일한 정의역 D에서 정의되어 있는 두 함수 f와 g가 모든 $x \in D$에 대하여 $f(x)=g(x)$일 때, 두 함수 f와 g는 같다고 하며 $f=g$로 나타낸다.

두 함수 f, g가 주어졌을 때, 실수 $x \in D$에 대하여 $f(x)+g(x)$를 대응시키는 함수를 $f+g$로 나타낸다. 같은 방법으로 함수 cf(단, $c \in \mathbb{R}$), $f-g$, fg, $\frac{f}{g}$ 도 다음과 같이 정의되는 함수이다.

$$
\begin{aligned}
(cf)(x) &= cf(x) \\
(f+g)(x) &= f(x)+g(x) \\
(f-g)(x) &= f(x)-g(x) \\
(fg)(x) &= f(x)g(x) \\
\left(\frac{f}{g}\right)(x) &= \frac{f(x)}{g(x)} \ (\text{단, } g(x) \neq 0)
\end{aligned}
$$

예제 3 예제 1의 두 함수 f와 g에 대하여, 함수 $f+g$의 정의역 D를 구하라.

풀이 함수 $f+g$는 함수 f의 정의역 $\{x \in \mathbb{R} \mid x \neq 0\}$과 함수 g의 정의역 $\{x \in \mathbb{R} \mid x > 1 \text{ 또는 } x < -1\}$의 공통부분에서 정의된다. 따라서 $D=\{x \in \mathbb{R} \mid x > 1 \text{ 또는 } x < -1\}$이다. ◀

함수 $f: A \to B$에 대하여, $B = f(A)$일 때 f를 전사(surjective) 함수 또는 위로(onto)의 함수라고 하며, $x_1 \neq x_2 (x_1, x_2 \in A)$이면 $f(x_1) \neq f(x_2)$일 때 f를 단사(injective)함수 또는 일대일(one-to-one)함수라고 한다. 그리고 f가 전사인 동시에 단사일 때, f를 전단사(bijective)함수 또는 일대일 대응(one-to-one correspondence)이라고 한다. 그리고 모든 $x \in A$에 대하여 $f(x) = x$인 함수를 항등함수(identity function)라고 하며 I_A 또는 I로 표시한다.

예제 4 다음 함수 $f: \mathbb{R} \to \mathbb{R}$ 중에서 단사함수, 전사함수, 전단사함수, 항등함수를 구별하라.

(1) $f: x \to x$ (2) $f(x) = x^3$

(3) $f(x) = (x+1)(x-1)(x-2)$ (4) $f(x) = 3^x$

(5) $f(x) = \sin x$

풀이 단사함수 : (1), (2), (4)　　전사함수 : (1), (2), (3)
전단사함수 : (1), (2)　　항등함수 : (1) ◀

두 함수 f와 g가 주어졌을 때 함수값 $f(x)$에서 g가 정의되어 있으면, $f(x)$에서 g의 함수값 $g(f(x))$가 정의된다. 이때, 실수 x에 대하여 $g(f(x))$를 대응시키는 함수를 f와 g의 **합성함수**(composition function)라 하고 $g \circ f$로 나타낸다. 즉, 합성함수 $g \circ f$는 다음과 같이 정의되는 함수이다.

$$(g \circ f)(x) = g(f(x))$$

예제 5 예제 1의 두 함수 f와 g에 대하여, $(g \circ f)\left(\frac{1}{2}\right)$을 구하라.

풀이 $(g \circ f)\left(\frac{1}{2}\right) = g\left(f\left(\frac{1}{2}\right)\right) = g(2) = \left(\frac{1}{\sqrt{3}}\right)$ ◀

예제 6 두 함수 f, g가 $f(x)=x^2$, $g(x)=3x+1$일 때, 합성함수 $g \circ f$와 $f \circ g$를 각각 구하라.

풀이 $(g \circ f)(x) = g(f(x)) = g(x^2) = 3x^2 + 1$
$(f \circ g)(x) = f(g(x)) = f(3x + 1)$
$= (3x + 1)^2 = 9x^2 + 6x + 1$ ◀

함수 $f : \mathbb{R} \to \mathbb{R}$이 주어졌을 때, 모든 실수 x에 대하여 $f(-x)=f(x)$이면 함수 f를 **우함수**(even function)라 하고, $f(-x)=-f(x)$이면 **기함수**(odd function)라 한다.

예를 들면 함수 $f(x)=|x|-2$는

$$f(-x) = |-x| - 2 = |x| - 2 = f(x)$$

이므로 우함수이고, 함수 $g(x)=x^3+x$는

$$g(-x) = (-x)^3 + (-x) = -(x^3 + x) = -g(x)$$

이므로 기함수이다.

한편, 우함수의 그래프는 y축 대칭이며 기함수의 그래프는 원점 대칭이다.

연습문제 (1.1)

1. 다음 함수들의 정의역과 치역을 각각 구하라.

(1) $f(x) = \sqrt{x^2 - 1}$ (2) $f(x) = \dfrac{1}{\sqrt{x^2 - 1}}$

(3) $f(x) = \sin x$ (4) $f(x) = \dfrac{1 + x}{1 - x^2}$

2. 다음 함수 $f : A \to B$의 그래프를 그리고, 단사함수, 전사함수, 전단사함수를 구별하라.

(1) $f(x) = 2x^3 - 3x^2 - 11x + 6$ (단, $A = \mathbb{R},\ B = \mathbb{R}$)

(2) $f(x) = x^2$ (단, $A = \mathbb{R},\ B = \{x | x \geq 0\}$)

(3) $f(x) = -\sqrt{-2x + 4}$ (단, $A = \{x | x \leqq 2\}$, $B = \{x | x \leqq 0\}$)

(4) $f(x) = \dfrac{2x + 4}{x - 1}$ (단, $A = \{x | x > 1\},\ B = \mathbb{R}$)

3. 다음 두 함수 f와 g의 합성함수 $f \circ g$와 $g \circ f$를 구하라.

(1) $f(x) = x^2$, $g(x) = \sqrt{x}$ (2) $f(x) = \dfrac{x + 1}{x - 1}$, $g(x) = \dfrac{x - 1}{x + 1}$

4. $f(x) = 2x - 1$, $g(x) = -x + 1$로 정의되는 두 함수 f, g에 대하여, $(h \circ g)(x) = f(x)$를 만족시키는 함수 $h(x)$를 구하라.

5. 다음 함수들은 우함수인가? 또는 기함수인가?

(1) $f(x) = x^2$ (2) $f(x) = x^3 + 3x + 1$

(3) $f(x) = \dfrac{1}{x^3 - 2x}$ (4) $f(x) = \cos x$

1.2 함수의 극한

실수 a를 포함하는 어떤 개구간을 a의 **근방**(neighborhood)이라 한다.

> **[정의 1.1]** 함수 f가 실수 a가 제외된 a의 근방에 있는 모든 점에서 정의되었다고 하자. 이때 x가 a에 한없이 가까이 갈 때 함수값 $f(x)$가 일정한 실수 L에 한없이 가까이 가면, L을 $x=a$에서의 함수 f의 **극한값** 또는 **극한**이라 하고 이것을 다음과 같이 나타낸다.
> $$\lim_{x\to a} f(x) = L$$

여기서 x가 a에 가까이 가는 방법은 두 가지가 있다. 즉, x가 a보다 작은 쪽에서 a에 가까이 가는 방법과 a보다 큰 쪽에서 a에 가까이 가는 방법이 있다. 이때의 극한값을 각각 **좌극한**, **우극한**이라 하고 기호로는 $\lim\limits_{x\to a-0}$, $\lim\limits_{x\to a+0}$ 라 쓰기로 한다. 예를 들면 함수

$$f(x) = \begin{cases} 0, & x < 0 \\ 1, & x \geq 0 \end{cases}$$

은 x가 0보다 작을 때, 함수값은 $f(x)=0$이므로 $\lim\limits_{x\to 0-0} f(x)=0$이고 x가 0보다 클 때, 함수값은 $f(x)=1$이므로 $\lim\limits_{x\to 0+0} f(x)=1$이다. 이 예에서 보듯이 함수에 따라서는 좌극한과 우극한이 다를 수도 있다.

따라서 좌극한과 우극한이 서로 같을 때에 한하여 극한은 존재하며 다음과 같다.

$$\lim_{x\to a} f(x) = \lim_{x\to a-0} f(x) = \lim_{x\to a+0} f(x)$$

지금까지의 함수의 극한에 관한 개념은 직관에 의해 정의되었다. 따라서 수학적으로 엄밀한 정의라고는 볼 수 없다. 이 책에서는 극한 개념의 엄밀한 수학적 정의는 다루지 않고 정의 1.1에 의한 극한만을 다루도록 한다.

예제 1 다음 극한값을 구하라.

(1) $L = \lim\limits_{x\to a} c$ (단, $c \in \mathbb{R}$) (2) $M = \lim\limits_{x\to a} x$

(3) $N = \lim\limits_{x\to 1} \dfrac{x^2 - 1}{x - 1}$ (4) $O = \lim\limits_{x\to 0} \sin x$

풀이 (1) 함수 $f(x)=c$라고 하자. x가 a에 가까운 실수일 때, 함수값은 $f(x)=c$이다. 그러므로 좌극한과 우극한은 모두 c이다.

$$\therefore L = c$$

(2) 함수 $f(x)=x$라고 하자. x가 a에 가까운 실수일 때, 함수값은 $f(x)=x$이다. 따라서 x가 a에 한없이 가까이 갈 때, 함수값 $f(x)$도 a에 한없이 가까이 간다.

$$\therefore M = a$$

(3) x가 1이 아닐 때, $\dfrac{x^2-1}{x-1}=x+1$이고 x가 1에 한없이 가까이 갈 때, $x+1$은 2에 한없이 가까이 간다.

$$\therefore N = 2$$

(4) 먼저 x가 $\dfrac{\pi}{2}$보다 작은 양의 실수일 때, 빗변의 길이가 1인 직각삼각형에서 밑변과 빗변이 이루는 각의 크기를 x라 하면, $\sin x$의 값은 이 직각삼각형의 높이에 해당한다. 따라서 x가 0에 한없이 가까이 갈 때, 이 직각삼각형의 높이는 0에 한없이 가까이 간다. 같은 방법으로 x가 $-\dfrac{\pi}{2}$ 보다 큰 음의 실수일 때, 빗변의 길이가 1인 직각삼각형에서 밑변과 빗변이 이루는 각의 크기를 $-x$라 하면, $\sin x$의 값은 이 직각삼각형의 높이에 -1배 한 값과 같다. 따라서 x가 0에 한없이 가까이 갈 때 $\sin x$는 0에 한없이 가까이 간다.

$$\therefore O = 0$$ ◀

다음의 정리 1.2, 정리 1.3, 정리 1.4는 극한의 계산을 편리하게 하여 준다. 정리 1.2는 좌극한과 우극한에 대해서도 성립한다.

[정리 1.2] 두 함수 f와 g에 대하여 $\lim\limits_{x\to a}f(x)$와 $\lim\limits_{x\to a}g(x)$가 존재하면, 다음이 성립한다.

(1) $\lim\limits_{x\to a}(f+g)(x) = \lim\limits_{x\to a}f(x) + \lim\limits_{x\to a}g(x)$

(2) $\lim\limits_{x\to a}cf(x) = c\lim\limits_{x\to a}f(x)$ (단, c는 임의의 실수)

(3) $\lim\limits_{x\to a}(fg)(x) = \lim\limits_{x\to a}f(x)\cdot\lim\limits_{x\to a}g(x)$

(4) $\lim\limits_{x\to a}\left(\dfrac{f}{g}\right)(x) = \dfrac{\lim\limits_{x\to a}f(x)}{\lim\limits_{x\to a}g(x)}$ $\left(\text{단, } \lim\limits_{x\to a}g(x) \neq 0\right)$

예제 2 다음 극한값을 구하라.

(1) $L = \lim_{x \to 2}(x^3 + 4x)$　　(2) $M = \lim_{x \to -2} \frac{x}{|x|}$

(3) $N = \lim_{x \to \pi}\left(3\cos x + \frac{4}{x}\right)$

풀이 정리 1.2를 적용한다.

(1) $L = \lim_{x \to 2} x \cdot \lim_{x \to 2} x \cdot \lim_{x \to 2} x + 4 \lim_{x \to 2} x$

$= 2^3 + 4 \cdot 2 = 16$

(2) x가 -2 근방에서는 음수이므로 $|x| = -x$이다.

$$\therefore M = \lim_{x \to -2} \frac{x}{|x|} = \lim_{x \to -2} \frac{x}{-x} = \lim_{x \to -2}(-1) = -1$$

(3) $N = 3 \lim_{x \to \pi} \cos x + \frac{\lim_{x \to \pi} 4}{\lim_{x \to \pi} x}$

$= 3\cos \pi + \frac{4}{\pi} = -3 + \frac{4}{\pi}$ ◀

예제 3 극한값 $\lim_{x \to 3} \frac{x^2 - 9}{x - 3}$를 구하라.

풀이 $\lim_{x \to 3}(x - 3) = 0$이므로 정리 1.2의 (4)를 이용할 수 없다.

$$\lim_{x \to 3} \frac{x^2 - 9}{x - 3} = \lim_{x \to 3} \frac{(x - 3)(x + 3)}{x - 3} = \lim_{x \to 3}(x + 3) = 3 + 3 = 6$$ ◀

예제 4 극한값 $\lim_{x \to \infty} \frac{2x}{\sqrt{x^2 - 1}}$를 구하라.

풀이 $\lim_{x \to \infty} (2x) = \infty$, $\lim_{x \to \infty} \sqrt{x^2 - 1} = \infty$이므로 구하고자 하는 분수식의 극한값은 부정형이다.

$$\lim_{x \to \infty} \frac{2x}{\sqrt{x^2 - 1}} = \lim_{x \to \infty} \frac{2x / \sqrt{x^2}}{\sqrt{x^2 - 1} / \sqrt{x^2}} = \lim_{x \to \infty} \frac{2}{\sqrt{1 - \frac{1}{x^2}}} = 2$$ ◀

[정리 1.3] 두 함수 f, g에 대하여 $\lim_{x \to a} f(x) = c$이고, a가 제외된 a의 근방에 있는 모든 x에 대하여 $f(x) \neq c$라고 하자. 이때 $\lim_{t \to c} g(t)$가 존재하면 다음이 성립한다.

$$\lim_{x \to a} g(f(x)) = \lim_{t \to c} g(t)$$

예제 5 다음 극한값을 구하라.

$$L = \lim_{x \to 2} \sqrt{\sin\left(x^2 - 2x + \frac{\pi}{2}\right)}$$

풀이 $\lim_{x \to 2} \sin\left(x^2 - 2x + \frac{\pi}{2}\right) = \sin\frac{\pi}{2} = 1$이므로 $t = \sin\left(x^2 - 2x + \frac{\pi}{2}\right)$로 놓으면 정리 1.3에 의하여

$$L = \lim_{t \to 1} \sqrt{t} = 1$$

◀

[정리 1.4] 실수 a의 근방에 있는 모든 x에 대하여 $f(x) \leq g(x) \leq h(x)$라 하자. 이때 $\lim_{x \to a} f(x) = \lim_{x \to a} h(x) = L$이면, $\lim_{x \to a} g(x) = L$이다.

예제 6 다음 극한값을 구하라.

$$L = \lim_{x \to 0} \left(x \sin\frac{1}{x}\right)$$

풀이 $-1 \leq \sin\frac{1}{x} \leq 1$에서 $-|x| \leq x \sin\frac{1}{x} \leq |x|$이고, $\lim_{x \to 0}(-|x|) = \lim_{x \to 0}|x| = 0$이므로 정리 1.4를 적용하면 $\lim_{x \to 0}\left(x \sin\frac{1}{x}\right) = 0$이다.

$$\therefore L = 0$$

◀

연습문제 (1.2)

1. 다음 극한값을 구하라.

(1) $\lim_{x \to 0} \cos\left(x^2 + 2x - \frac{\pi}{2}\right)$

(2) $\lim_{x \to 2} \frac{x^2 + 1}{x^2 + c}$ (단, c는 실수)

(3) $\lim_{x \to 0} \frac{x}{x - 1}$

(4) $\lim_{x \to 0-0} \frac{\sqrt{x^2}}{x}$

(5) $\lim_{x \to 0} \frac{\sqrt{1 + x} - 1}{x}$

(6) $\lim_{x \to 1} \frac{1 - \frac{1}{x}}{x^2 - 1}$

(7) $\lim_{x \to 2} \frac{x - 2}{x^2 - 4}$

(8) $\lim_{x \to -3} (x + |x|)$

2. 임의의 실수 x에 대해서 x보다 크지 않는 최대의 정수를 $[x]$로 표시하고, 이것을 가우스(Gauss) 기호라 한다. 이때, 다음 극한값을 구하라.

(1) $\lim_{x \to 1+0} \frac{[x]}{1 + x}$

(2) $\lim_{x \to 0-0} \frac{[4x]}{1 + x}$

3. 다음 극한은 존재하는가? 극한이 존재하면 구하라.

(1) $\lim_{x \to 0} \frac{x}{|x|}$

(2) $\lim_{x \to a} \frac{x^3 + a^3}{x + a}$

(3) $\lim_{x \to \infty} \frac{2x^2 - 1}{3x^2 + 2x + 1}$

(4) $\lim_{x \to \infty} \frac{5x + \sqrt{x^2 + 1}}{3x + 2}$

(5) $\lim_{x \to -\infty} (\sqrt{x^2 - 2x} + x)$

(6) $\lim_{x \to 2} \frac{\sqrt{3x - 2} - \sqrt{x + 2}}{\sqrt{5x - 1} - \sqrt{4x + 1}}$

(7) $\lim_{x \to \infty} \frac{3 - 2x^4}{x + 1}$

(8) $\lim_{x \to 0}\left(\sqrt{\frac{1}{x^2} + \frac{1}{x}} - \sqrt{\frac{1}{x^2} - \frac{1}{x}}\right)$

1.3 연속함수

함수가 연속이라는 것은 그 함수의 그래프가 연결되어 있다는 것을 의미한다. 함수의 극한을 이용하여 함수의 연속은 다음과 같이 정의한다.

[정의 1.5] 함수 f가 a의 근방에서 정의되어 있다고 하자. 이때

$$\lim_{x \to a} f(x) = f(a)$$

를 만족하면 함수 f는 $x=a$에서 **연속**이라고 한다. 또 f가 정의역의 모든 점에서 연속일 때, f를 **연속함수**라고 한다.

예를 들어 $f(x)=c$(단, $c \in \mathbb{R}$)와 $f(x)=x$는 1.2절의 예제 1을 보면, 연속함수라는 것을 알 수 있다. 정리 1.2와 정리 1.3에 의하면 f와 g가 연속함수일 때,

$$cf(\text{단, } c \in \mathbb{R}),\ f+g,\ f-g,\ fg,\ \frac{f}{g}(\text{단, } g \neq 0),\ f \circ g$$

는 모두 연속함수이다. 따라서 다항식으로 정의되는 모든 함수(다항함수)들은 연속이다. 또 두 다항식의 나눗셈으로 정의되는 함수(유리함수)도 분모가 0이 되는 점을 제외한 모든 점에서 연속이다. 그리고 이 책에서 자주 사용하는 함수, 즉 제곱근함수, 삼각함수, 지수함수 등도 모두 연속함수이다.

이제, 제곱근함수 $f(x)=\sqrt{x}$를 생각해 보자. 이 함수는 $\{x \in \mathbb{R} | x \geq 0\}$에서만 정의되는 함수이다. 따라서 이 함수는 $x=0$에서 연속을 조사할 때, 좌극한은 생각할 수 없으므로 우극한만 계산하여 $x=0$에서 연속을 정의한다. 일반적으로 함수 $f:[a, b] \to \mathbb{R}$에서 f가 a에서 연속이라는 것은

$$\lim_{x \to a+0} f(x) = f(a)$$

가 성립할 때이고, f가 b에서 연속이라는 것은

$$\lim_{x \to b-0} f(x) = f(b)$$

가 성립할 때를 말한다.

예제 1 함수 $f(x)=\sqrt{x^2+1}$은 연속함수임을 보여라.

풀이 함수 f는 다항함수 $g: x \to x^2+1$과 제곱근함수 $h: y \to \sqrt{y}$의 합성함수이다. 그런데 다항함수와 제곱근함수는 모두 연속이므로 $f=h\circ g$도 연속함수이다. ◀

한편, 함수가 연속함수임을 알면 극한값을 쉽게 구할 수 있다.

예제 2 극한값 $L=\lim_{x\to 2}\cos\left(x^2-2x+\frac{\pi}{x}\right)$를 구하라.

풀이 $g(x)=x^2-2x+\frac{\pi}{x}$, $h(t)=\cos t$라 하고 $f(x)=h(g(x))=\cos\left(x^2-2x+\frac{\pi}{x}\right)$라 하자.
$x=2$의 근방에서 $g(x)$와 $t=\frac{\pi}{2}$의 근방에서 $h(t)$는 연속이므로
$f(x)=\cos\left(x^2-2x+\frac{\pi}{x}\right)$는 $x=2$의 근방에서 연속이다.

$$\therefore\ L=\lim_{x\to 2}f(x)=f(2)=0$$ ◀

다음에 소개되는 정리는 연속함수의 중요한 성질 중의 하나이며, 연속함수 f에 대하여 주어진 방정식 $f(x)=0$의 실근의 존재성을 밝히는 데 편리하게 이용된다.

[정리 1.6] (중간값 정리) 함수 f가 폐구간 $[a, b]$에서 연속이라고 하자. 이때 $f(a)<L<f(b)$이면 $f(c)=L$이 되는 실수 c가 (a, b)에 적어도 하나 존재한다.

예제 3 방정식 $\sin x+x+1=0$은 구간 $[-1, 0]$에서 적어도 하나의 실근을 가짐을 보여라.

풀이 $f(x)=\sin x+x+1$이라 놓으면 함수 f는 실수 전체에서 연속이므로 $-1\le x\le 0$에서 당연히 연속이다. 이때 $f(-1)=\sin(-1)<0$이고 $f(0)=1>0$이다.
따라서 $f(-1)<0<f(0)$이므로 중간값 정리에 의해 $f(c)=0$이 되는 실수 c가 $(-1, 0)$에 적어도 하나 존재한다. ◀

연습문제 (1.3)

1. 다음 함수는 주어진 점에서 연속인가?

(1) $f(x) = \begin{cases} \sin\dfrac{1}{x} \ (\text{단, } x \neq 0) \\ 0 \ (\text{단, } x = 0) \end{cases}$; $x = 0$

(2) $f(x) = \begin{cases} \dfrac{x}{|x|} \ (\text{단, } x \neq 0) \\ 0 \ (\text{단, } x = 0) \end{cases}$; $x = 0$

(3) $f(x) = x^2 + \dfrac{x^2}{1 + x^2} + \dfrac{x^2}{(1 + x^2)^2} + \dfrac{x^2}{(1 + x^2)^3} + \cdots$; $x = 0$

(4) $f(x) = \begin{cases} \dfrac{x - 1}{x^2 - 1} \ (\text{단, } x \neq -1, 1) \\ \dfrac{1}{2} \ (\text{단, } x = 1) \\ 0 \ (\text{단, } x = -1) \end{cases}$; $x = 1, -1$

(5) $f(x) = \begin{cases} x\sin\dfrac{1}{x} \ (\text{단, } x \neq 0) \\ 0 \ (\text{단, } x = 0) \end{cases}$; $x = 0$

2. 다음 함수의 그래프를 그리고, 불연속점을 모두 찾아라.

$$f(x) = \lim_{n\to\infty}\frac{x - x^{n+1}}{1 + x^n}$$

3. 중간값 정리를 이용하여, 다음 방정식이 주어진 구간에서 적어도 하나의 실근을 가짐을 보여라.

(1) $x^3 + 3x = 2$ (단, $0 \le x \le 1$)

(2) $(x^2 - 1)\cos x + \sqrt{2}\sin x = 0 \left(\text{단, } 0 \le x \le \dfrac{\pi}{2}\right)$

2 삼각함수와 그 극한

주기적으로 일어나는 자연현상에서 나타나는 삼각함수는 수학 뿐만 아니라 자연과학 및 공학분야에서 유용한 함수이므로, 그 기본성질과 공식을 알고 있으면 여러 가지 면에서 편리하다.
이 장에서는 삼각함수의 정의와 그 성질, 그리고 이와 관련된 여러 가지 공식 및 삼각함수의 극한과 관련된 문제에 대하여 알아본다.

2.1 삼각함수의 정의와 그 성질

삼각함수를 정의할 때 사용하는 각의 단위는 60분법과 호도법이 있다. 이 절에서는 먼저 임의의 각을 일반각으로 표시하는 방법과 60분법을 호도법으로 변환하는 방법에 대하여 자세히 알아본다.

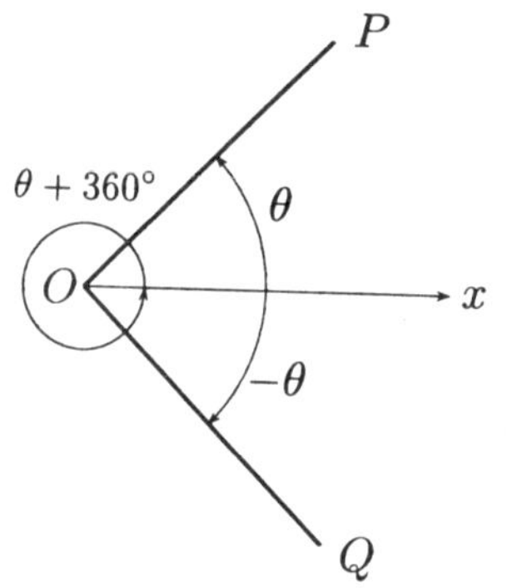

[그림 2-1]

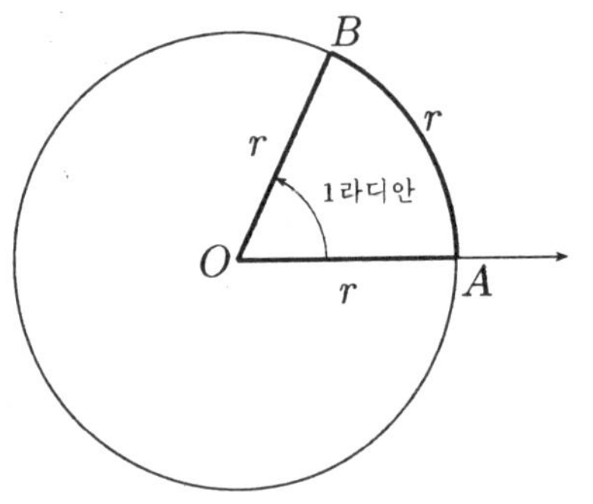

[그림 2-2]

[그림 2-1]과 같이 수학에서는 반시계방향(counter-clockwise direction)을 **양**(positive)의 방향으로, 시계방향(clockwise direction)을 **음**(negative)의 방향으로 정한다. 이 경우, $\overrightarrow{Ox}$를 기준선으로 정하면 동경(radius) $\overrightarrow{OP}$는 기준선과 θ의 각을 이루게 되고, 360° 회전하면 다시 원래의 위치인 $\overrightarrow{OP}$로 돌아오게 된다. 그러므로 평면상의 한 점을 원점 O를 중심으로 한바퀴씩 회전시키면, 360°만큼의 각 차이가 나며, 양의 방향으로 여러번 회전시켰을 때 이 점의 위치는

$$\theta + n \times 360^\circ \quad (n \in \mathbb{N})$$

가 된다. 경우에 따라서는, 어떤 점의 위치를 평면상의 기준선 $\overrightarrow{Ox}$를 출발점으로 하여 음의 방향으로 각을 측정할 때도 있다. 이 때에는

$$\theta - n \times 360^\circ \quad (n \in \mathbb{N})$$

로 표시할 수 있다. 따라서, 평면상의 임의의 점의 위치를 양, 음에 관계없이 각으로 나타내면,

$$\theta + n \times 360^\circ \quad (n \in \mathbb{Z})$$

이다. 이 각을 **일반각**(general angle)이라고 한다.

예제 1 평면 위의 한 점 P가 기준선 $\overrightarrow{Ox}$로부터 양의 방향으로 $77°$를 이루고 있을 때, 이 각을 일반각으로 표시하라.

풀이 동경 $\overrightarrow{OP}$와 기준선 $\overrightarrow{Ox}$가 이루는 각이 $77°$이므로 일반각은 다음과 같다.

$$77° + n \times 360° \quad (n \in \mathbb{Z})$$ ◀

[그림 2-2]와 같이 반지름이 r인 원주 위에 호의 길이(arc length)가 r인 호 $\widehat{AB}$를 잡으면, 이 호에 대한 중심각 $\angle AOB$의 크기는 반지름의 길이 r에 관계없이 항상 일정하다. 이 일정한 각을 1 **라디안**(radian)이라고 말하고, 이 라디안을 이용하여 각의 크기를 나타내는 방법을 **호도법**(radian measurement)이라 한다. 이 호도법을 이용하여 1 라디안을 구해보자. 반지름이 r인 원의 원둘레의 길이는 $2\pi r$이다. 그런데 이것은 반지름의 길이의 2π배이므로 2π 라디안은 $360°$에 해당한다. 그러므로 π 라디안은 $180°$인 것을 알 수 있다. 이로부터 다음을 얻는다.

$$1 \text{ 라디안} = \frac{180°}{\pi} \fallingdotseq 57°17'45'',\ 1° = \frac{\pi}{180°} \text{ 라디안} \fallingdotseq 0.0174532 \text{ 라디안}$$

일반적으로 많이 쓰이는 특수각의 60분법과 호도법 사이의 관계식은 다음과 같다.

60분법	$0°$	$30°$	$45°$	$60°$	$90°$	$120°$	$150°$	$180°$	$270°$	$360°$
호도법	0	$\frac{\pi}{6}$	$\frac{\pi}{4}$	$\frac{\pi}{3}$	$\frac{\pi}{2}$	$\frac{2\pi}{3}$	$\frac{5\pi}{6}$	π	$\frac{3\pi}{2}$	2π

이제 호도법을 이용하여, 부채꼴에서 호의 길이와 부채꼴의 면적 S를 구하는 공식을 유도해 보자. 그림 [2-3]과 같이 반지름의 길이가 r, 중심각의 크기가 θ 라디안인 부채꼴을 생각해 보자.

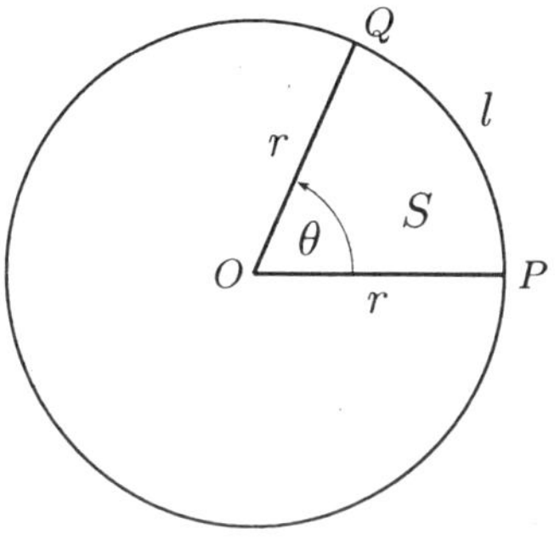

[그림 2-3]

[그림 2-3]에서 점 P에서 점 Q까지 호의 길이를 l, 부채꼴 OPQ의 면적을 S라고 하자. 그런데 호의 길이는 중심각의 크기에 비례하므로

$$l : 2\pi r = \theta : 2\pi$$

즉,

$$\frac{l}{2\pi r} = \frac{\theta}{2\pi}$$

이다. 따라서 호의 길이 l은 다음과 같다.

$$l = r\theta$$

또한 부채꼴의 면적 S도 중심각의 크기에 비례하므로

$$\frac{S}{\pi r^2} = \frac{\theta}{2\pi}$$

이다. 이로부터, 부채꼴의 면적 S는 다음과 같다.

$$S = \frac{1}{2}r^2\theta = \frac{1}{2}rl$$

지금까지 일반각과 삼각함수에서 자주 사용하는 호도법을 소개하였고 부채꼴에서 호의 길이와 넓이를 구하는 방법을 알아보았다. 이제 삼각함수를 정의하고 삼각함수의 기본성질에 대하여 알아보자. 특별히 언급하지 않는 한 이 장에서 사용한 각의 단위는 모두 라디안이다.

[그림 2-4]와 같이 평면 위의 한 점 $P(x, y)$를 잡으면 그 좌표는 x-축으로부터 양의 방향으로 각을 잰 θ(라디안)와, 원점으로부터 점 P까지의 거리로 정확하게 표시된다.

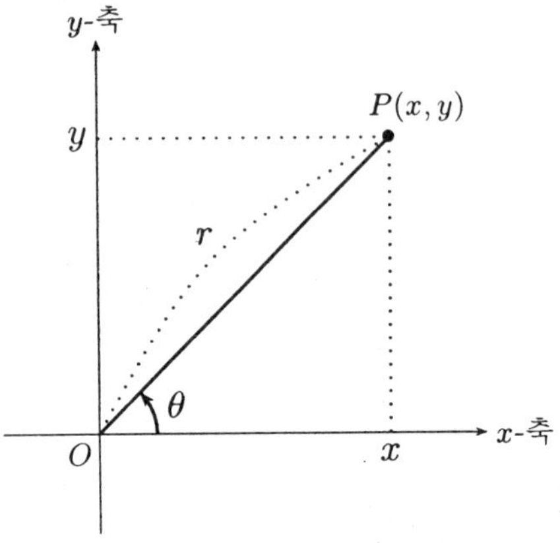

[그림 2-4]

원점 O로부터 점 $P(x, y)$까지의 거리를 r, x-축으로부터 동경 $\overrightarrow{OP}$까지 잰 각을 θ라 할때, θ에 대한 삼각함수인 $\sin\theta$, $\cos\theta$, $\tan\theta$를 각각 다음과 같이 정의한다.

$$\sin\theta = \frac{y}{r}, \ \cos\theta = \frac{x}{r}, \ \tan\theta = \frac{\sin\theta}{\cos\theta} = \frac{y}{x}$$

또한, θ에 대한 cotangent, secant, cosecant를 각각

$$\cos\theta = \frac{1}{\tan\theta} = \frac{x}{y}, \ \sec\theta = \frac{1}{\cos\theta} = \frac{r}{x}, \ \csc\theta = \frac{1}{\sin\theta} = \frac{r}{y}$$

로 정의한다. 위의 6가지 함수를 보통 **삼각함수**(trigonometric functions)라 한다. 위의 삼각함수를 정의한 식을 이용하면 다음 공식

$$\sin^2\theta + \cos^2\theta = 1$$
$$1 + \tan^2\theta = \sec^2\theta$$
$$1 + \cot^2\theta = \csc^2\theta$$

를 쉽게 유도할 수 있다. sine 함수와 cosine 함수는 주기가 $2n\pi \ (n \in \mathbb{Z})$이므로

$$\sin(2n\pi + \theta) = \sin\theta$$
$$\cos(2n\pi + \theta) = \cos\theta$$

이다. tangent 함수는 주기가 $n\pi(n \in \mathbb{Z})$이므로

$$\tan(n\pi + \theta) = \tan\theta$$

이다. 또한, 삼각함수의 정의에 의하여 sine 함수는 기함수(odd function)이므로

$$\sin(-\theta) = -\sin\theta$$

이고 cosine 함수는 우함수(even function)이므로

$$\cos(-\theta) = \cos\theta$$

이다. 더욱이,

$$\tan(-\theta) = \frac{\sin(-\theta)}{\cos(-\theta)} = -\frac{\sin\theta}{\cos\theta} = -\tan\theta$$

이므로 tangent 함수는 기함수이고,

$$\cot(-\theta) = \frac{\cos(-\theta)}{\sin(-\theta)} = -\frac{\cos\theta}{\sin\theta} = -\cot\theta$$

이므로 cotangent 함수도 기함수이고,

$$\sec(-\theta) = \frac{1}{\cos(-\theta)} = \frac{1}{\cos\theta} = \sec\theta$$

이므로 secant 함수는 우함수이고,

$$\csc(-\theta) = \frac{1}{\sin(-\theta)} = -\frac{1}{\sin\theta} = -\csc\theta$$

이므로 cosecant 함수는 기함수인 것을 알 수 있다. 또한 다음 성질도 성립한다.

$$\sin\left(\theta \pm \frac{\pi}{2}\right) = \pm\cos\theta$$
$$\cos\left(\theta \pm \frac{\pi}{2}\right) = \mp\sin\theta \text{ (단, 복부호 동순)}$$
$$\tan\left(\theta \pm \frac{\pi}{2}\right) = \mp\cot\theta \text{ (단, 복부호 동순)}$$

이제 삼각함수를 이용한 몇가지 응용문제를 생각해 보자. $\triangle ABC$에서 삼각형의 6 요소는 세 변의 길이 a, b, c와 세 각의 크기 A, B, C를 뜻한다.

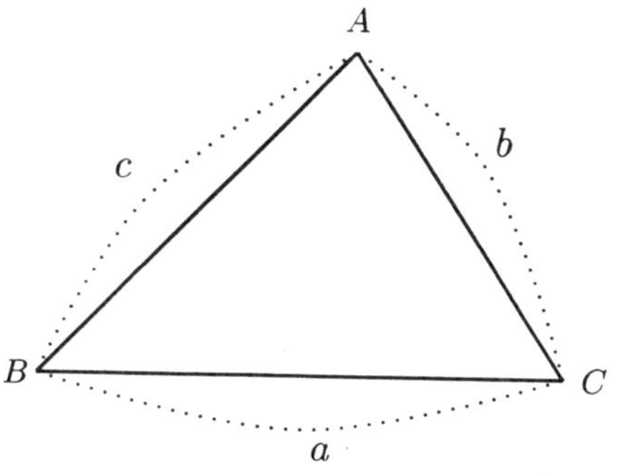

[그림 2-5] 삼각형의 6요소

삼각형의 6요소 중에서 3요소만 알면, 나머지 3요소를 구할 수 있다. 이때 우리는 사인법칙과 코사인법칙을 이용한다.

먼저 사인법칙에 대하여 알아 보자. $\triangle ABC$에서 세 각의 크기 A, B, C와 세변의 길이 a, b, c와 $\triangle ABC$의 외접원의 반지름의 길이 R 사이에는 다음과 같은 관계식이 성립한다.

$$\frac{a}{\sin A} = \frac{b}{\sin B} = \frac{c}{\sin C} = 2R \tag{1}$$

위의 공식을 **사인법칙**이라고 한다.

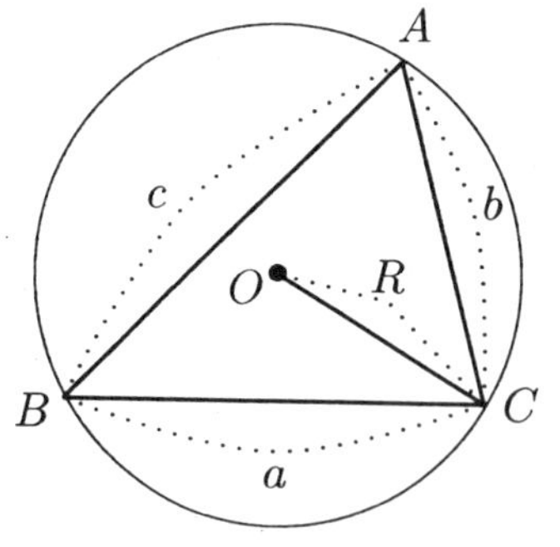

[그림 2-6]

예제 2 $\triangle ABC$에서 $\angle A = 60^\circ$, $\angle B = 45^\circ$, $a = 10$일 때, b를 구하라.

풀이 사인법칙

$$\frac{a}{\sin A} = \frac{b}{\sin B}$$

를 이용하자. 그러면

$$\frac{10}{\sin 60^\circ} = \frac{b}{\sin 45^\circ}$$

이므로 다음을 얻는다.

$$b = \frac{10 \sin 45^\circ}{\sin 60^\circ} = \frac{10\sqrt{6}}{3}$$ ◀

다음에 소개할 공식은 제 1 코사인법칙과 제 2 코사인법칙이다. 증명없이 공식만을 소개한다.

[제 1 코사인법칙]

(1) $a = b\cos C + c\cos B$

(2) $b = c\cos A + a\cos C$

(3) $c = a\cos B + b\cos A$

[제 2 코사인법칙]

(1) $a^2 = b^2 + c^2 - 2bc\cos A$

(2) $b^2 = c^2 + a^2 - 2ca\cos B$

(3) $c^2 = a^2 + b^2 - 2ab\cos C$

이제 삼각형의 면적을 구하는 방법을 알아보자. 먼저, 삼각형의 두 변의 길이와 그 사이각의 크기를 알 때, 삼각형의 면적을 구하는 공식이다.

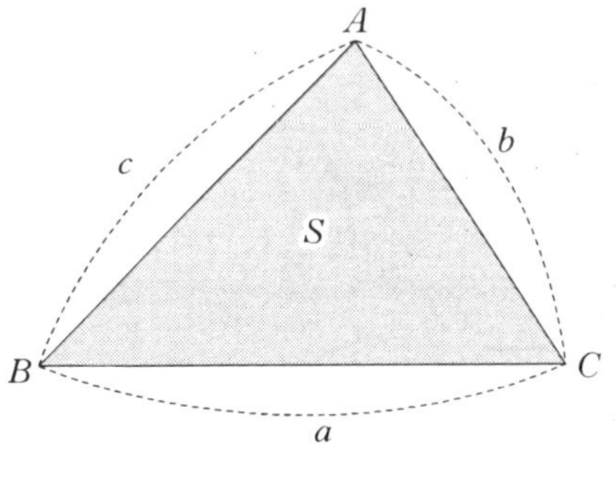

[그림 2-7]

[그림 2-7]에서 두 변의 길이 b, c와 그 사이각의 크기 A를 알 경우, 삼각형의 면적 S는

$$S = \frac{1}{2}bc\sin A \tag{2}$$

이다. 일반적으로 삼각형에서 두 변의 길이와 그 사이각의 크기를 알면 그 삼각형의

면적 S는 다음과 같다.

$$\begin{aligned} S &= \frac{1}{2}bc\sin A \\ &= \frac{1}{2}ac\sin B \\ &= \frac{1}{2}ab\sin C \end{aligned}$$

이제 위 첫 번째 공식 (2)를 증명해 보자. 나머지 두 공식도 비슷하게 유도할 수 있다.

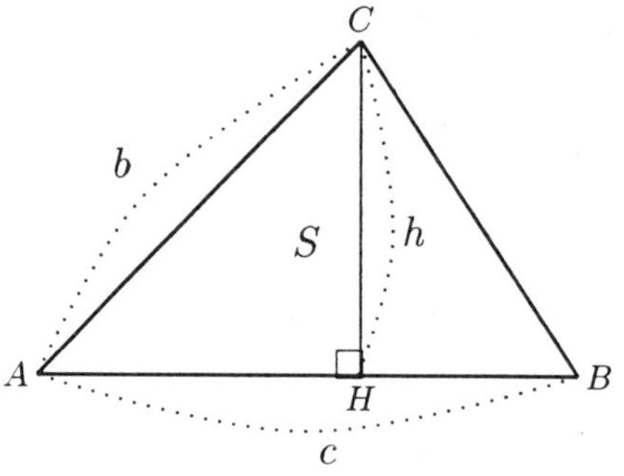

[그림 2-8]

[그림 2-8]과 같이 $\triangle ABC$의 꼭지점 C에서 선분 $\overline{AB}$로 내린 수선의 발을 H라 하면, 삼각형의 면적 S는 다음과 같다.

$$\begin{aligned} S &= \frac{1}{2}\overline{AB}\cdot\overline{CH} \\ &= \frac{1}{2}c\cdot b\sin A \\ &= \frac{1}{2}bc\sin A \end{aligned}$$

예제 3 한 변의 길이가 a인 정삼각형의 면적 S를 구하라.

풀이 정삼각형의 한 각의 크기는 $\frac{\pi}{3}$이고, 두 변의 길이는 모두 a이므로, 면적 S는 다음과 같다.

$$\begin{aligned} S &= \frac{1}{2}\cdot a\cdot a\cdot\sin\frac{\pi}{3} \\ &= \frac{\sqrt{3}}{4}a^2 \end{aligned}$$ ◀

이제 어떤 삼각형의 세 변의 길이를 알고 있을 때, 그 삼각형의 면적을 구하는 방법인 **헤론(Heron)의 공식**에 대하여 알아보자. 삼각형의 세 변의 길이를 각각 a, b, c 세 변의 길이의 합의 반을

$$s = \frac{a + b + c}{2}$$

라 하면 삼각형의 면적 S는 다음과 같다.

$$S = \sqrt{s(s - a)(s - b)(s - c)} \tag{3}$$

이제 코사인법칙을 이용하여 헤론의 공식을 유도해 보자. [그림 2-7]로부터 삼각형의 세 변의 길이를 각각 a, b, c라 하고, b와 c의 사이각을 A라 하면, 이 삼각형의 면적 S는

$$S = \frac{1}{2}bc\sin A \tag{4}$$

이다. 위의 공식에서 먼저 $\sin A$를 구해 보자.

$$\begin{aligned}\sin^2 A &= 1 - \cos^2 A\\ &= (1 + \cos A)(1 - \cos A)\\ &= \left(1 + \frac{b^2 + c^2 - a^2}{2bc}\right)\left(1 - \frac{b^2 + c^2 - a^2}{2bc}\right)\\ &= \frac{(b + c)^2 - a^2}{2bc}\cdot\frac{a^2 - (b - c)^2}{2bc}\\ &= \frac{1}{4b^2c^2}(a + b + c)(-a + b + c)(a - b + c)(a + b - c)\end{aligned}$$

이다. 여기서 $2s=a+b+c$라고 하면, 두 번째 항은

$$-a + b + c = 2(s - a)$$

이고, 세 번째 항은

$$a - b + c = 2(s - b)$$

이고 네 번째 항은

$$a + b - c = 2(s - c)$$

이다. 따라서

$$\sin^2 A = \frac{4}{b^2c^2}s(s - a)(s - b)(s - c)$$

이다. 이로부터

$$\sin A = \frac{2}{bc}\sqrt{s(s - a)(s - b)(s - c)} \tag{5}$$

이다. 이 식을 (4)에 대입하면 다음과 같이 헤론의 공식을 얻는다.

$$S = \sqrt{s(s-a)(s-b)(s-c)}\ \left(\text{단, } s = \frac{a+b+c}{2}\right) \tag{6}$$

연습문제 (2.1)

1. θ가 제 4 사분면의 각이고 $\cos\theta=\frac{12}{13}$ 일 때, $\sin\theta$와 $\tan\theta$를 각각 구하라.

2. $\tan\theta=-\frac{4}{3}$일 때, $\frac{5\sin\theta+3}{15\cos\theta-7}$을 구하라.

3. 다음 식을 간단히 하라.
   (1) $(\sin\theta+\cos\theta)^2+(\sin\theta-\cos\theta)^2$ (2) $(1-\tan^4\theta)\cos^2\theta+\tan^2\theta$
   (3) $(\tan\theta+\cot\theta)^2-(\tan\theta-\cot\theta)^2$

4. $1+\tan^4\theta$를 $\cos\theta$로 나타내라.

5. θ가 예각이고 $\sin\theta-\cos\theta=\frac{1}{2}$일 때, 다음 값을 구하라.
   (1) $\sin\theta+\cos\theta$ (2) $\sin^3\theta-\cos^3\theta$

6. 다음 등식이 성립함을 증명하라.
   (1) $\cos^4\theta-\sin^4\theta=1-2\sin^2\theta$ (2) $\tan^2\theta-\sin^2\theta=\sin^2\theta\tan^2\theta$
   (3) $(1+\sin\theta+\cos\theta)^2=2(1+\sin\theta)(1+\cos\theta)$
   (4) $\frac{\cos^2\theta-\sin^2\theta}{1+2\sin\theta\cos\theta}=\frac{1-\tan\theta}{1+\tan\theta}$

7. $\triangle ABC$에서 $a^2=b^2+bc+c^2$일 때, $\angle A$의 크기를 구하라.

8. 다음 조건을 만족하는 삼각형은 어떤 삼각형인지 말하라.
   (1) $a\cos B=b\cos A$ (2) $\frac{a}{\cos A}=\frac{b}{\cos B}=\frac{c}{\cos C}$
   (3) $a\cos A+b\cos B=c\cos C$

2.2 삼각함수의 덧셈정리

삼각함수의 공식 중에서도 가장 중요한 공식은 **덧셈정리**(addition theorem)이다. 이 덧셈정리로부터 거의 모든 삼각함수 공식이 유도된다. 이 절에서는 이 덧셈정리를 유도해 보고 그 다음, 이 덧셈정리로부터 유도되는 반각의 공식, 배각의 공식, 곱을 합 또는 차로 고치는 공식, 합 또는 차를 곱으로 고치는 공식을 소개할 것이다.

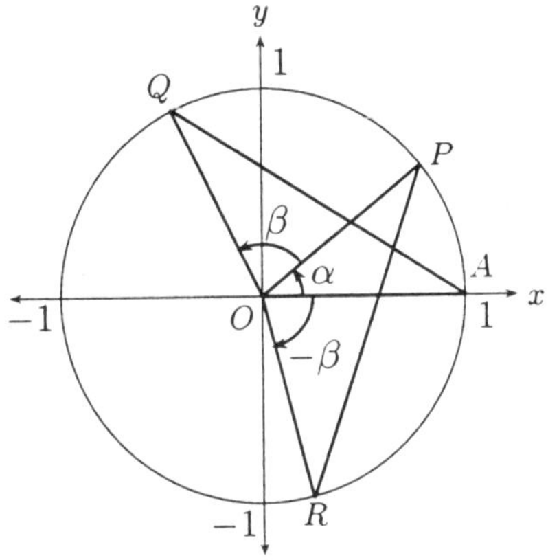

[그림 2-9]

[그림 2-9]와 같이 좌표평면 위에서 원점을 중심으로 하고 반지름의 길이가 1인 단위원을 그린다. 이때 x-축과의 교점을 A,

$$\angle AOP = \alpha,\ \angle POQ = \beta,\ \angle AOR = -\beta$$

라고 하자. 그러면 $\angle AOQ = \alpha + \beta$이다. 여기서 γ를 $\gamma = \alpha + \beta$라고 하면, 네 점 A, P, Q, R의 좌표는 각각

$$A(1,\ 0),\ P(\cos\alpha,\ \sin\alpha),\ Q(\cos\gamma,\ \sin\gamma),\ R(\cos\beta,\ -\sin\beta)$$

이다. 그런데,

$$\triangle AOQ \equiv \triangle ROP$$

이므로

$$\overline{AQ} = \overline{RP}$$

이다. 이 식의 양변을 제곱하면, $\overline{AQ}^2 = \overline{RP}^2$이고 이로부터

$$(\cos\gamma - 1)^2 + (\sin\gamma - 0)^2 = (\cos\alpha - \cos\beta)^2 + (\sin\alpha + \sin\beta)^2$$

이다. 이 식을 정리하면

$$\cos(\alpha+\beta) = \cos\alpha\cos\beta - \sin\alpha\sin\beta \tag{7}$$

를 얻는다. 위의 공식은 α와 β가 어떤 각이든 관계없이 성립한다. 여기에, α 대신 $\left(\frac{\pi}{2}+\alpha\right)$를 대입하면,

$$\cos\left(\left(\frac{\pi}{2}+\alpha\right)+\beta\right) = \cos\left(\frac{\pi}{2}+\alpha\right)\cos\beta - \sin\left(\frac{\pi}{2}+\alpha\right)\sin\beta$$

이다. 이 식으로부터 다음 공식을 얻는다.

$$\sin(\alpha+\beta) = \sin\alpha\cos\beta + \cos\alpha\sin\beta \tag{8}$$

또한 $\tan(\alpha+\beta)$는

$$\begin{aligned}\tan(\alpha+\beta) &= \frac{\sin(\alpha+\beta)}{\cos(\alpha+\beta)} \\ &= \frac{\sin\alpha\cos\beta + \cos\alpha\sin\beta}{\cos\alpha\cos\beta - \sin\alpha\sin\beta}\end{aligned}$$

이므로 이 식의 분모, 분자를 $\cos\alpha\ \cos\beta$(단, $\cos\alpha\ \cos\beta\neq0$)로 나누면

$$\tan(\alpha+\beta) = \frac{\tan\alpha + \tan\beta}{1 - \tan\alpha\tan\beta} \tag{9}$$

를 얻는다. 공식 (7)에서 β대신 $-\beta$를 대입하면 cosine 함수는 우함수, sine 함수는 기함수이므로

$$\cos(\alpha-\beta) = \cos\alpha\cos\beta + \sin\alpha\sin\beta \tag{10}$$

가 성립한다. 비슷한 방법으로 식 (8)에서 β 대신 $-\beta$를 대입하면 다음 공식을 얻는다.

$$\sin(\alpha-\beta) = \sin\alpha\cos\beta - \cos\alpha\sin\beta \tag{11}$$

지금까지 유도한 삼각함수의 덧셈정리의 결과를 요약하면 다음과 같다.

[정리 2.1] (삼각함수의 덧셈정리)

(1) $\sin(\alpha+\beta) = \sin\alpha\cos\beta + \cos\alpha\sin\beta$

(2) $\sin(\alpha-\beta) = \sin\alpha\cos\beta - \cos\alpha\sin\beta$

(3) $\cos(\alpha+\beta) = \cos\alpha\cos\beta - \sin\alpha\sin\beta$

(4) $\cos(\alpha-\beta) = \cos\alpha\cos\beta + \sin\alpha\sin\beta$

(5) $\tan(\alpha+\beta) = \dfrac{\tan\alpha + \tan\beta}{1 - \tan\alpha\tan\beta}$

(6) $\tan(\alpha-\beta) = \dfrac{\tan\alpha - \tan\beta}{1 + \tan\alpha\tan\beta}$

덧셈정리를 이용하면, 특수각이 아닌 각에 대한 삼각함수의 값들을 구할 수 있다.

예제 1 $\sin 75°$, $\tan 15°$의 값을 각각 구하라.

풀이 $75° = 45° + 30°$이므로

$$\begin{aligned}\sin 75° &= \sin(45° + 30°)\\ &= \sin 45° \cos 30° + \cos 45° \sin 30°\\ &= \frac{1}{\sqrt{2}} \cdot \frac{\sqrt{3}}{2} + \frac{1}{\sqrt{2}} \cdot \frac{1}{2}\\ &= \frac{\sqrt{6} + \sqrt{2}}{4}\end{aligned}$$

이다. 또한 $15° = 45° - 30°$이므로

$$\begin{aligned}\tan 15° &= \tan(45° - 30°)\\ &= \frac{\tan 45° - \tan 30°}{1 + \tan 45° \tan 30°}\\ &= \frac{1 - \frac{1}{\sqrt{3}}}{1 + \frac{1}{\sqrt{3}}}\\ &= \frac{3 - \sqrt{3}}{3 + \sqrt{3}}\\ &= 2 - \sqrt{3}\end{aligned}$$

이다. ◀

예제 2 $\sin\alpha = \frac{13}{14}$, $\sin\beta = \frac{11}{14}$일 때 (단, $0 < \alpha, \beta < \frac{\pi}{2}$)

(1) $\sin(\alpha + \beta)$, $\cos(\alpha + \beta)$, $\tan(\alpha + \beta)$를 구하라.

(2) $\alpha + \beta$를 구하라.

풀이 (1) α, β는 모두 예각이므로

$$\cos\alpha = \sqrt{1 - \sin^2\alpha} = \frac{3\sqrt{3}}{14}$$

$$\cos\beta = \sqrt{1 - \sin^2\beta} = \frac{5\sqrt{3}}{14}$$

이다. 따라서 덧셈정리를 이용하여 구하면 다음과 같다.

$$\begin{aligned}\sin(\alpha+\beta) &= \sin\alpha\cos\beta + \cos\alpha\sin\beta \\ &= \frac{13}{14}\cdot\frac{5\sqrt{3}}{14} + \frac{3\sqrt{3}}{14}\cdot\frac{11}{14} \\ &= \frac{\sqrt{3}}{2}\end{aligned}$$

$$\begin{aligned}\cos(\alpha+\beta) &= \cos\alpha\cos\beta - \sin\alpha\sin\beta \\ &= \frac{3\sqrt{3}}{14}\cdot\frac{5\sqrt{3}}{14} - \frac{13}{14}\cdot\frac{11}{14} \\ &= -\frac{1}{2}\end{aligned}$$

$$\begin{aligned}\tan(\alpha+\beta) &= \frac{\sin(\alpha+\beta)}{\cos(\alpha+\beta)} \\ &= \frac{\frac{\sqrt{3}}{2}}{-\frac{1}{2}} \\ &= -\sqrt{3}\end{aligned}$$

(2) $0<\alpha,\ \beta<\frac{\pi}{2}$이므로 $0<\alpha+\beta<\pi$이다. 그런데 (1)에서 $\cos(\alpha+\beta)=-\frac{1}{2}<0$이므로 $\alpha+\beta<\pi$이다. 그러므로 $\alpha+\beta=\frac{2\pi}{3}$이다. ◀

삼각함수의 덧셈정리를 이용하면 삼각함수와 관련된 여러가지 공식을 유도할 수 있다. 먼저, 배각의 공식을 유도해 보자. 삼각함수의 덧셈정리로부터

$$\begin{aligned}\sin 2\alpha &= \sin(\alpha+\alpha) \\ &= \sin\alpha\cos\alpha + \cos\alpha\sin\alpha \\ &= 2\sin\alpha\cos\alpha\end{aligned}$$

이다. 또한,

$$\begin{aligned}\cos 2\alpha &= \cos(\alpha+\alpha) \\ &= \cos\alpha\cos\alpha - \sin\alpha\sin\alpha \\ &= \cos^2\alpha - \sin^2\alpha \\ &= 2\cos^2\alpha - 1 \\ &= 1 - 2\sin^2\alpha\end{aligned}$$

이고 마찬가지로

$$\begin{aligned}\tan 2\alpha &= \tan(\alpha+\alpha) \\ &= \frac{2\tan\alpha}{1-\tan^2\alpha}\end{aligned}$$

이다. 위 식을 정리하면 다음 삼각함수의 **배각의 공식**(double-angle formula)을 얻는다.

[정리 2.2] (배각의 공식)

(1) $\sin 2\alpha = 2\sin\alpha\cos\alpha$,

(2) $\cos 2\alpha = 2\cos^2\alpha - 1 = 1 - 2\sin^2\alpha$,

(3) $\tan 2\alpha = \dfrac{2\tan\alpha}{1-\tan^2\alpha}$.

예제 3 $\sin\alpha=\dfrac{3}{5}$ 일 때, $\sin 2\alpha$, $\cos 2\alpha$, $\tan 2\alpha$를 각각 구하라.

풀이 (1) $\sin\alpha=\dfrac{3}{5}$이면

$$\cos\alpha = \pm\frac{4}{5},\ \tan\alpha = \pm\frac{3}{4}\ (\text{단, 복부호 동순})$$

이다. 또한, 다음을 얻는다.

$$\begin{aligned}\sin 2\alpha &= 2\sin\alpha\cos\alpha\\ &= 2\cdot\frac{3}{5}\cdot\left(\pm\frac{4}{5}\right)\\ &= \pm\frac{24}{25}\end{aligned}$$

$$\begin{aligned}\cos 2\alpha &= 1-2\sin^2\alpha\\ &= 1-2\left(\frac{3}{5}\right)^2\\ &= \frac{7}{25}\end{aligned}$$

$$\begin{aligned}\tan 2\alpha &= \frac{2\tan\alpha}{1-\tan^2\alpha}\\ &= \frac{2\cdot\left(\pm\frac{3}{4}\right)}{1-\left(\pm\frac{3}{4}\right)^2}\\ &= \pm\frac{24}{7}\end{aligned}$$

◀

이제 반각의 공식을 유도해 보자. 위의 배각의 공식 $\cos 2x=2\cos^2 x-1$에서 $\alpha=2x$라 두면 $x=\dfrac{\alpha}{2}$이므로,

$$\cos^2\frac{\alpha}{2} = \frac{1+\cos\alpha}{2}$$

이다. 마찬가지로 $\cos 2x=1-2\sin^2 x$에서 $\alpha=2x$라 하면

$$\sin^2\frac{\alpha}{2} = \frac{1 - \cos\alpha}{2}$$

이다. 또한 $\tan^2\frac{\alpha}{2}$는

$$\tan^2\frac{\alpha}{2} = \frac{\sin^2\frac{\alpha}{2}}{\cos^2\frac{\alpha}{2}} = \frac{1 - \cos\alpha}{1 + \cos\alpha}$$

이다. 위의 식을 정리하면 다음 **반각의 공식**(half-angle formula)을 얻는다.

[정리 2.3] (반각의 공식)

(1) $\cos^2\frac{\alpha}{2} = \frac{1 + \cos\alpha}{2}$,

(2) $\sin^2\frac{\alpha}{2} = \frac{1 - \cos\alpha}{2}$,

(3) $\tan^2\frac{\alpha}{2} = \frac{1 - \cos\alpha}{1 + \cos\alpha}$.

예제 4 반각의 공식을 이용하여, 다음 값을 각각 구하라.

$$\sin\frac{\pi}{8},\quad \cos\frac{\pi}{8},\quad \tan\frac{\pi}{8}$$

풀이 $\frac{\pi}{8} = \frac{\frac{\pi}{4}}{2}$이므로 반각의 공식을 이용하면 다음과 같다.

$$\sin\frac{\pi}{8} = \sin\frac{\frac{\pi}{4}}{2} = \sqrt{\frac{1 - \cos\frac{\pi}{4}}{2}} = \frac{\sqrt{2 - \sqrt{2}}}{2}$$

$$\cos\frac{\pi}{8} = \cos\frac{\frac{\pi}{4}}{2} = \sqrt{\frac{1 + \cos\frac{\pi}{4}}{2}} = \frac{\sqrt{2 + \sqrt{2}}}{2}$$

$$\tan\frac{\pi}{8} = \frac{\sin\frac{\pi}{8}}{\cos\frac{\pi}{8}} = \frac{\frac{\sqrt{2 - \sqrt{2}}}{2}}{\frac{\sqrt{2 + \sqrt{2}}}{2}} = \sqrt{2} - 1$$ ◀

다음 3배각의 공식은 배각의 공식으로부터 유도된다.

$$\begin{aligned} \sin 3\alpha &= \sin(\alpha + 2\alpha) \\ &= \sin\alpha\cos 2\alpha + \cos\alpha\sin 2\alpha \\ &= \sin\alpha(1 - 2\sin^2\alpha) + \cos\alpha(2\sin\alpha\cos\alpha) \\ &= \sin\alpha - 2\sin^3\alpha + 2\sin\alpha(1 - \sin^2\alpha) \\ &= 3\sin\alpha - 4\sin^3\alpha \end{aligned}$$

이다. 이와 비슷한 방법을 이용하면, 다음 공식을 얻는다.

$$\cos 3\alpha = 4\cos^3\alpha - 3\cos\alpha$$

위의 공식을 **3배각의 공식**(triple-angle formula)이라 한다.

[정리 2.4]　(3배각의 공식)

(1) $\sin 3\alpha = 3\sin\alpha - 4\sin^3\alpha$,

(2) $\cos 3\alpha = 4\cos^3\alpha - 3\cos\alpha$.

이제, 삼각함수의 곱을 합(addition) 또는 차(difference)로 고치는 공식을 유도해 보자. 먼저 다음의 덧셈정리

$$\sin(\alpha + \beta) = \sin\alpha\cos\beta + \cos\alpha\sin\beta \tag{12}$$

$$\sin(\alpha - \beta) = \sin\alpha\cos\beta - \cos\alpha\sin\beta \tag{13}$$

로 부터, (12)와 (13)의 각 변을 더하면

$$\sin(\alpha + \beta) + \sin(\alpha - \beta) = 2\sin\alpha\cos\beta$$

이다. 정리하면, 다음 공식을 얻는다.

$$\sin\alpha\cos\beta = \frac{1}{2}\{\sin(\alpha + \beta) + \sin(\alpha - \beta)\}$$

또한 (12)와 (13)의 각 변을 빼주면

$$\sin(\alpha + \beta) - \sin(\alpha - \beta) = 2\cos\alpha\sin\beta$$

이므로

$$\cos\alpha\sin\beta = \frac{1}{2}\{\sin(\alpha+\beta) - \sin(\alpha-\beta)\}$$

이다. 위와 비슷한 방법을 다음 덧셈정리에 이용하면,

$$\cos(\alpha+\beta) = \cos\alpha\cos\beta - \sin\alpha\sin\beta \tag{14}$$

$$\cos(\alpha-\beta) = \cos\alpha\cos\beta + \sin\alpha\sin\beta \tag{15}$$

로부터, (14)와 (15)의 각 변을 더하면,

$$\cos(\alpha+\beta) + \cos(\alpha-\beta) = 2\cos\alpha\cos\beta$$

이므로

$$\cos\alpha\cos\beta = \frac{1}{2}\{\cos(\alpha+\beta) + \cos(\alpha-\beta)\}$$

이고, (14)와 (15)의 각 변을 빼주면

$$\cos(\alpha+\beta) - \cos(\alpha-\beta) = -2\sin\alpha\sin\beta$$

이다. 따라서,

$$\sin\alpha\sin\beta = -\frac{1}{2}\{\cos(\alpha+\beta) - \cos(\alpha-\beta)\}$$

이다. 위에서 유도한 공식을 정리하면 다음과 같다.

[정리 2.5] (곱을 합 또는 차로 고치는 공식)

(1) $\sin\alpha\cos\beta = \frac{1}{2}\{\sin(\alpha+\beta) + \sin(\alpha-\beta)\}$

(2) $\cos\alpha\sin\beta = \frac{1}{2}\{\sin(\alpha+\beta) - \sin(\alpha-\beta)\}$

(3) $\cos\alpha\cos\beta = \frac{1}{2}\{\cos(\alpha+\beta) + \cos(\alpha-\beta)\}$

(4) $\sin\alpha\sin\beta = -\frac{1}{2}\{\cos(\alpha+\beta) - \cos(\alpha-\beta)\}$

예제 5 다음 삼각함수의 곱을 합 또는 차로 나타내라.

$$\cos 5\theta\cos\theta, \quad \sin 3\theta\sin 2\theta$$

풀이 곱을 합 또는 차로 고치는 공식을 이용하면 각각 다음과 같다.

$$\cos 5\theta \cos \theta = \frac{1}{2}\{\cos(5\theta + \theta\} + \cos(5\theta - \theta)\}$$
$$= \frac{1}{2}(\cos 6\theta + \cos 4\theta)$$

$$\sin 3\theta \sin 2\theta = -\frac{1}{2}\{\cos(3\theta + 2\theta) - \cos(3\theta - 2\theta)\}$$
$$= \frac{1}{2}(\cos \theta - \cos 5\theta)$$ ◀

위에서 유도한 곱을 합 또는 차로 고치는 공식으로부터 역으로 합 또는 차를 곱으로 고치는 공식을 유도할 수 있다. 위의 공식에서 $A=\alpha+\beta$, $B=\alpha-\beta$라 하면

$$\alpha = \frac{A + B}{2}, \quad \beta = \frac{A - B}{2}$$

이다. 따라서, 다음 공식이 성립한다.

[정리 2.6] (합 또는 차를 곱으로 고치는 공식)

(1) $\sin A + \sin B = 2\sin\frac{A + B}{2}\cos\frac{A - B}{2}$

(2) $\sin A - \sin B = 2\cos\frac{A + B}{2}\sin\frac{A - B}{2}$

(3) $\cos A + \cos B = 2\cos\frac{A + B}{2}\cos\frac{A - B}{2}$

(4) $\cos A - \cos B = -2\sin\frac{A + B}{2}\sin\frac{A - B}{2}$

예제 6 다음 삼각함수의 합 또는 차를 곱으로 나타내라.

$$\cos 5\theta + \cos 3\theta, \quad \sin 5\theta - \sin \theta$$

풀이 합 또는 차를 곱으로 고치는 공식을 이용하여 구하면 각각 다음과 같다.

$$\cos 5\theta + \cos 3\theta = 2\cos\frac{5\theta + 3\theta}{2}\cos\frac{5\theta - 3\theta}{2} = 2\cos 4\theta \cos \theta$$

$$\sin 5\theta - \sin \theta = 2\cos\frac{5\theta + 3\theta}{2}\sin\frac{5\theta - \theta}{2} = 2\cos 3\theta \cos 2\theta$$ ◀

마지막으로, 삼각함수의 덧셈정리를 이용하여

$$a\sin\theta + b\cos\theta \qquad (\text{단, } a \neq 0,\ b \neq 0)$$

와 같은 삼각함수의 합의 형태를

$$r\sin(\theta + \alpha),\ (\text{단, } r > 0,\ 0 \leqq \alpha < 2\pi)$$

의 형태로 합성하는 문제를 생각해 보자. 예를 들면,

$$\begin{aligned}\sin\theta + \cos\theta &= \sqrt{2}\left(\frac{1}{\sqrt{2}}\sin\theta + \frac{1}{\sqrt{2}}\cos\theta\right)\\ &= \sqrt{2}\left(\sin\theta\cos\frac{\pi}{4} + \cos\theta\sin\frac{\pi}{4}\right)\\ &= \sqrt{2}\sin\left(\theta + \frac{\pi}{4}\right)\end{aligned}$$

이다. 이 문제를 좀 더 자세히 다루어 보자.

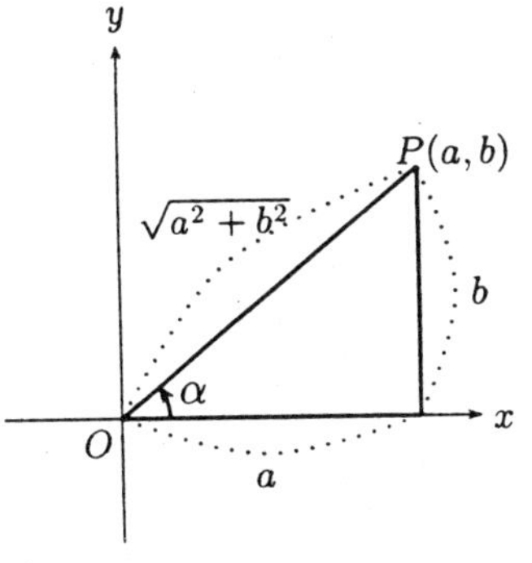

[그림 2-10]

[그림 2-10]에서 상수 a와 b는 동시에 0은 아니라고 하자. 그러면,

$$\cos\alpha = \frac{a}{\sqrt{a^2 + b^2}},\ \sin\alpha = \frac{b}{\sqrt{a^2 + b^2}}$$

이다. 그러므로

$$\begin{aligned}a\sin\theta + b\cos\theta &= \sqrt{a^2 + b^2}\left(\frac{a}{\sqrt{a^2 + b^2}}\sin\theta + \frac{b}{\sqrt{a^2 + b^2}}\cos\theta\right)\\ &= \sqrt{a^2 + b^2}\,(\cos\alpha\sin\theta + \sin\alpha\cos\theta)\\ &= r\sin(\theta + \alpha)\end{aligned}$$

$$\left(\text{단, } r = \sqrt{a^2 + b^2},\ \cos\alpha = \frac{a}{\sqrt{a^2 + b^2}},\ \sin\alpha = \frac{b}{\sqrt{a^2 + b^2}}\right)$$

가 얻어진다. 이 식을 **삼각함수의 합성**이라고 한다.

예제 7 다음 삼각함수를 합성하라.

$$3\sin\theta - 3\sqrt{3}\cos\theta$$

풀이 먼저 $\sqrt{3^2+(-3\sqrt{3})^2}=6$이므로

$$3\sin\theta - 3\sqrt{3}\cos\theta = 6\sin(\theta+\alpha)$$

의 형태로 합성하자. 여기서 점 $P(3, -3\sqrt{3})$는

$$3 = 6\cos\left(-\frac{\pi}{3}\right),$$
$$-3\sqrt{3} = 6\sin\left(-\frac{\pi}{3}\right)$$

으로 나타낼 수 있다. 따라서 다음을 얻는다.

$$\begin{aligned}3\sin\theta - 3\sqrt{3}\cos\theta &= 6\cos\left(-\frac{\pi}{3}\right)\sin\theta + 6\sin\left(-\frac{\pi}{3}\right)\cos\theta \\ &= 6\sin\left(\theta-\frac{\pi}{3}\right)\end{aligned}$$

◀

한편, 삼각함수의 합의 형태인 $a\sin\theta+b\cos\theta$는 다음 예제에서와 같이 $r\cos(\theta-\alpha)$의 형태로 합성할 수 있다.

예제 8 다음 식을 증명하라. $\left(\text{단}, \cos\alpha=\dfrac{b}{\sqrt{a^2+b^2}}, \sin\alpha=\dfrac{a}{\sqrt{a^2+b^2}}\right)$

$$a\sin\theta + b\cos\theta = \sqrt{a^2+b^2}\cos(\theta-\alpha)$$

증명 삼각함수의 덧셈정리를 이용하여 구하면 다음과 같다.

$$\begin{aligned}a\sin\theta + b\cos\theta &= \sqrt{a^2+b^2}\left(\frac{a}{\sqrt{a^2+b^2}}\sin\theta + \frac{b}{\sqrt{a^2+b^2}}\cos\theta\right) \\ &= \sqrt{a^2+b^2}(\sin\alpha\sin\theta + \cos\alpha\cos\theta) \\ &= \sqrt{a^2+b^2}\cos(\theta-\alpha)\end{aligned}$$

■

연습문제 (2.2)

1. α와 β가 모두 예각이고 $\tan\alpha=\frac{1}{2}$, $\tan\beta=\frac{1}{3}$일 때, 다음을 구하라.
   (1) $\tan(\alpha+\beta)$
   (2) 각 $\alpha+\beta$의 크기

2. $\sin\alpha+\cos\alpha=\frac{1}{2}$일 때, 다음을 구하라.
   (1) $\sin 2\alpha$
   (2) $\sin^3\alpha+\cos^3\alpha$
   (3) $\tan 2\alpha$

3. $\sin\alpha=\frac{3}{5}$ $\left(단,\ \frac{\pi}{2}<\alpha<\pi\right)$일 때, $\sin\frac{\alpha}{2}$를 구하라.

4. α가 예각이고 $\sin\alpha=\frac{1}{3}$일 때, $\cos 3\alpha$와 $\sin 3\alpha$를 각각 구하라.

5. 다음 값을 구하라.
   (1) $\cos 75^\circ \sin 15^\circ$
   (2) $\sin 75^\circ - \sin 15^\circ$
   (3) $\sin 20^\circ \sin 40^\circ \sin 80^\circ$
   (4) $\cos 5^\circ + \cos 125^\circ + \cos 115^\circ$

6. $\alpha-\beta=\frac{\pi}{4}$일 때, $\sin\alpha+\cos\beta$의 최대값과 최소값을 각각 구하라.

7. 다음 삼각함수 $\frac{\sqrt{3}}{2}\sin\theta+\frac{1}{2}\cos\theta$를 합성하라.

8. $\theta=18^\circ$일 때, 식 $\sin 2\theta=\cos 3\theta$를 만족한다. 이것을 이용하여 $\sin 18^\circ$와 $\cos 18^\circ$의 값을 구하라.

2.3 삼각함수의 극한

이 절에서는 간단한 삼각함수의 극한을 구해본다. 좀 더 복잡한 삼각함수의 극한을 구하는 문제는 미분법을 배운 다음, 로피탈의 법칙을 이용하여 구하게 된다. 먼저 삼각함수의 극한을 구할 때 자주 이용되는 다음 공식을 증명해 보자.

[정리 2.7] $$\lim_{x \to 0} \frac{\sin x}{x} = 1$$

증명 먼저 좌표평면 위에 반지름의 길이가 r인 원을 그리고 이 원과 x축, y축이 만나는 점을 각각 A와 B라 하자. 또한 $\angle AOD = x$(라디안)이라 하고 점 A로부터 x축에 수직인 수선과 원점 O와 점 D를 지나는 직선이 만나는 점을 C라 하자.

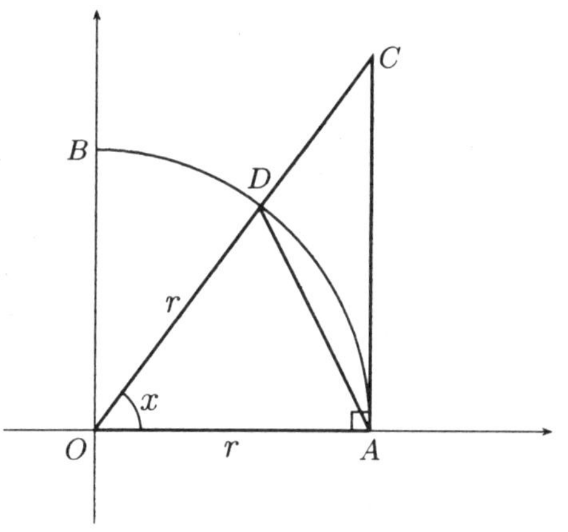

[그림 2-11]

이로부터 만들어진 세 개의 도형 즉, 삼각형 OAD, 부채꼴 OAD 그리고 직각삼각형 OAC의 면적을 비교해 보자.

(i) $0 < x < \frac{\pi}{2}$인 경우 :

$$(\triangle OAD\text{의 면적}) \le (\text{부채꼴 } OAD\text{의 면적}) \le (\triangle OAC\text{의 면적})$$

이 성립하고 $\overline{AC} = r\tan x$이므로 다음과 같은 관계식이 성립한다.

$$\frac{1}{2}r^2 \sin x \le \frac{1}{2}r^2 x \le \frac{1}{2}r^2 \tan x \tag{16}$$

위 식을 정리하면

$$\sin x \le x \le \frac{\sin x}{\cos x}$$

이고 다시 위의 식을 $\sin x$(단, $\sin x > 0$)로 나누면

$$1 \le \frac{x}{\sin x} \le \frac{1}{\cos x}$$

이므로

$$\cos x \le \frac{\sin x}{x} \le 1$$

이다. 그런데 $\lim_{x\to 0} 1 = 1$이고 $\lim_{x\to 0}\cos x = 1$이므로 극한의 성질에 의하여 $\lim_{x\to 0}\frac{\sin x}{x}=1$이 성립한다.

(ii) $-\frac{\pi}{2} < x < 0$일 경우 :

$t=-x$로 치환하자. t는 $0 < t < \frac{\pi}{2}$이고 $x \to 0$이면 $t \to 0$이므로 (i)에 의하여

$$\begin{aligned}\lim_{x\to 0}\frac{\sin x}{x} &= \lim_{t\to 0}\frac{\sin(-t)}{-t}\\ &= \lim_{t\to 0}\frac{-\sin t}{-t}\\ &= \lim_{t\to 0}\frac{\sin t}{t}\\ &= 1\end{aligned}$$

(i)과 (ii)에 의하여 이상을 정리하면, 각의 크기 x(라디안)의 양, 음에 관계없이 항상 다음이 성립한다.

$$\lim_{x\to 0}\frac{\sin x}{x} = 1$$ ■

한편, 다음 삼각함수의 극한

$$\lim_{x\to 0}\frac{\tan x}{x} = 1 \tag{17}$$

도 자주 이용된다. 실제로 이 값을 구하면

$$\begin{aligned}\lim_{x\to 0}\frac{\tan x}{x} &= \lim_{x\to 0}\frac{\frac{\sin x}{\cos x}}{x}\\ &= \lim_{x\to 0}\left(\frac{1}{\cos x}\cdot\frac{\sin x}{x}\right)\\ &= \left(\lim_{x\to 0}\frac{1}{\cos x}\right)\cdot\left(\lim_{x\to 0}\frac{\sin x}{x}\right)\\ &= 1\end{aligned}$$

이다. 이제, 몇 가지 삼각함수의 극한을 구해보자.

예제 1 다음 극한값을 구하라.

(1) $\lim_{x\to0}\dfrac{\sin 7x}{\sin 3x}$

(2) $\lim_{x\to0}\dfrac{\tan 5x}{\tan 2x}$

(3) $\lim_{x\to0}\dfrac{\cos x-1}{x}$

풀이 (1)
$$\begin{aligned}\lim_{x\to0}\frac{\sin 7x}{\sin 3x} &= \lim_{x\to0}\left(\frac{\sin 7x}{7x}\cdot\frac{3x}{\sin 3x}\cdot\frac{7x}{3x}\right)\\ &= \lim_{x\to0}\frac{\sin 7x}{7x}\cdot\lim_{x\to0}\frac{3x}{\sin 3x}\cdot\lim_{x\to0}\frac{7x}{3x}\\ &= \lim_{x\to0}\frac{\sin 7x}{7x}\cdot\frac{1}{\lim_{x\to0}\dfrac{\sin 3x}{3x}}\cdot\lim_{x\to0}\frac{7x}{3x}\\ &= 1\cdot\frac{1}{1}\cdot\frac{7}{3}\\ &= \frac{7}{3}\end{aligned}$$

(2)
$$\begin{aligned}\lim_{x\to0}\frac{\tan 5x}{\sin 2x} &= \lim_{x\to0}\left(\frac{\tan 5x}{5x}\cdot\frac{2x}{\tan 2x}\cdot\frac{5x}{2x}\right)\\ &= \lim_{x\to0}\frac{\tan 5x}{5x}\cdot\lim_{x\to0}\frac{2x}{\tan 2x}\cdot\lim_{x\to0}\frac{5x}{2x}\\ &= \lim_{x\to0}\frac{\tan 5x}{5x}\cdot\frac{1}{\lim_{x\to0}\dfrac{\tan 2x}{2x}}\cdot\lim_{x\to0}\frac{5x}{2x}\\ &= 1\cdot\frac{1}{1}\cdot\frac{5}{2}\\ &= \frac{5}{2}\end{aligned}$$

(3)
$$\begin{aligned}\lim_{x\to0}\frac{\cos x-1}{x} &= \lim_{x\to0}\frac{\cos^2 x-1}{x(\cos x+1)}\\ &= \lim_{x\to0}\frac{-\sin^2 x}{x(\cos x+1)}\\ &= -\lim_{x\to0}\left(\frac{\sin^2 x}{x^2}\cdot\frac{x}{\cos x+1}\right)\\ &= -\lim_{x\to0}\left(\frac{\sin x}{x}\right)^2\cdot\lim_{x\to0}\frac{x}{\cos x+1}\\ &= -1^2\cdot\frac{0}{2}\\ &= 0\end{aligned}$$

◀

예제 2 다음 극한값을 구하라.

(1) $\lim_{x \to 0} \frac{1 - \cos kx}{x^2}$ (단, $k \neq 0$)

(2) $\lim_{x \to 0} \frac{\sin(n + 1)x - \sin(n - 1)x}{\sin nx}$

풀이 (1) $$\begin{aligned} \lim_{x \to 0} \frac{1-\cos kx}{x^2} &= \lim_{x \to 0} \frac{1-\cos^2 kx}{x^2(1+\cos kx)} \\ &= \lim_{x \to 0} \frac{\sin^2 kx}{x^2(1+\cos kx)} \\ &= \lim_{x \to 0} \left(\frac{\sin kx}{kx}\right)^2 \cdot \frac{1}{1 + \cos kx} \cdot k^2 \\ &= 1 \cdot \frac{1}{2} \cdot k^2 \\ &= \frac{k^2}{2} \end{aligned}$$

(2) 먼저 삼각함수의 차를 곱으로 나타내면

$$\sin(n + 1)x - \sin(n - 1)x = 2\cos nx \sin x$$

이므로 다음을 얻는다.

$$\begin{aligned} \lim_{x \to 0} \frac{\sin(n + 1)x - \sin(n - 1)x}{\sin nx} &= \lim_{x \to 0} \frac{2\cos nx \sin x}{\sin nx} \\ &= \lim_{x \to 0} \left(2\cos nx \cdot \frac{\sin x}{x} \cdot \frac{nx}{\sin nx} \cdot \frac{1}{n}\right) \\ &= 2 \cdot 1 \cdot 1 \cdot \frac{1}{n} \\ &= \frac{2}{n} \end{aligned}$$ ◀

연습문제 (2.3)

1. 다음 극한값을 구하라.

(1) $\lim_{x\to 0}\dfrac{\sin 3x}{\tan x}$ (2) $\lim_{x\to 0}\dfrac{1-\cos 3x}{x}$ (3) $\lim_{x\to 0}\dfrac{1-\cos x}{x^2}$

(4) $\lim_{x\to 0}\dfrac{\sin x}{\sqrt{x}}$

2. 다음 극한값을 구하라.

(1) $\lim_{x\to 0}\left(\dfrac{2}{\sin^2 x}-\dfrac{1}{1-\cos x}\right)$

(2) $\lim_{x\to 0}\dfrac{\tan x-\sin x}{x^3}$

(3) $\lim_{x\to 0}\dfrac{\cos ax-\cos bx}{x\sin x}$ (단, $a\neq b$)

3. 다음 극한값을 구하라.

(1) $\lim_{x\to \frac{\pi}{2}}(\pi-2x)\tan x$

(2) $\lim_{x\to 1}\dfrac{1+\cos \pi x}{(x-1)^2}$

4. 다음 극한값을 구하라.

(1) $\lim_{x\to \infty} x\sin\dfrac{m}{x}$ (단, $m\in\mathbb{R}$)

(2) $\lim_{x\to \infty} x\left\{\sin\dfrac{\pi}{3}-\sin\left(\dfrac{\pi}{3}+\dfrac{1}{x}\right)\right\}$

5. 다음 식을 만족하는 두 정수 m과 n을 각각 구하라.

$$\lim_{x\to 0}\frac{1-\cos\left(1-\cos\dfrac{x}{2}\right)}{2^m x^n}=1$$

3 다항함수의 미분법

근대 자연과학의 발전에 결정적인 역할을 한 수학적 도구는 미분이다.
라이프니츠(Leibniz, 1646-1716)는 곡선을 고찰하는 수단으로 미분을 발견하였고, 뉴턴(Newton, 1642-1727)은 운동하는 물체의 속도를 구하는 과정에서 미분을 발견하였다. 계산 기술로서만 발전하던 미분이 오늘날과 같은 형태를 갖추게 된 것은 코시(Cauchy, 1789-1857)가 극한을 체계화하고, 데데킨트(Dedekind, 1831-1916)와 칸토어(Cantor, 1845-1918)가 실수 이론을 엄밀하게 한 19세기 이후이다.
이 장에서는 도함수를 정의하고, 다항함수의 미분법을 다루며 접선의 방정식과 평균값 정리를 소개한다. 또한, 곡선의 개형을 그리는 방법과 여러 가지 도함수의 활용 문제를 다룬다.

3.1 도함수의 정의

함수 $y=f(x)$에서 x의 값이 x_1에서 x_2까지 변할 때, 함수값 y는 $y_1=f(x_1)$에서 $y_2=f(x_2)$까지 변한다고 하자. 이 때, x의 증분 Δx에 대한 함수 $y=f(x)$의 증분 Δy의 비율

$$\frac{\Delta y}{\Delta x}=\frac{f(x_2)-f(x_1)}{x_2-x_1}=\frac{f(x_1+\Delta x)-f(x_1)}{\Delta x}$$

을 x가 x_1에서 x_2까지 변할 때의 함수 $y=f(x)$의 **평균변화율**이라 한다.

예제 1 x가 -2에서 3까지 변할 때의 함수 $f(x)=x^2+2x$의 평균변화율을 구하라.

풀이 $$\frac{\Delta y}{\Delta x}=\frac{f(3)-f(-2)}{3-(-2)}$$
$$=\frac{(3^2+2\times 3)-\{(-2)^2+2\times(-2)\}}{5}=3$$

따라서, x가 -2에서 3까지 변할 때의 함수 $f(x)=x^2+2x$의 평균변화율은 3이다. ◀

함수 $y=f(x)$가 $x=a$의 근방에서 정의되어 있고, x가 a에서 $a+h$까지 변할 때의 함수 $y=f(x)$의 평균변화율

$$\frac{\Delta y}{\Delta x}=\frac{f(a+h)-f(a)}{(a+h)-a}=\frac{f(a+h)-f(a)}{h}$$

에서 h가 0에 한없이 가까워질 때의 극한값

$$\lim_{h\to 0}\frac{\Delta y}{\Delta x}=\lim_{h\to 0}\frac{f(a+h)-f(a)}{h}$$

가 존재하면, 함수 $y=f(x)$는 $x=a$에서 **미분가능**(differentiable)하다고 한다. 또한, 이 극한값을 함수 $y=f(x)$의 $x=a$에서의 **순간변화율** 또는 **미분계수**(differential coefficient)라 하고, 기호로는 $f'(a)$로 나타낸다. 따라서, 함수 $y=f(x)$의 $x=a$에서의 미분계수 $f'(a)$는 다음과 같다.

$$f'(a)=\lim_{h\to 0}\frac{f(a+h)-f(a)}{h}$$

[정의 3.1] 함수 $f(x)$가 $x=a$의 근방에서 정의되어 있고 극한

$$\lim_{h\to 0}\frac{f(a+h)-f(a)}{h}\ \left(\text{또는, } \lim_{x\to a}\frac{f(x)-f(a)}{x-a}\right)$$

가 존재하면, 함수 $f(x)$는 $x=a$에서 **미분가능**하다고 한다. 이때, 이 극한값을 함수 $f(x)$의 $x=a$에서의 **미분계수**라고 하며 $f'(a)$로 나타낸다.

특히, 함수 $y=f(x)$가 어떤 구간에 속하는 모든 x의 값에서 미분가능할 때, 함수 $y=f(x)$는 그 구간에서 미분가능하다고 한다.

예제 2 함수 $f(x)=x^2-2x$의 $x=2$에서의 미분계수를 구하라.

풀이
$$\begin{aligned} f'(2) &= \lim_{h\to 0}\frac{f(2+h)-f(2)}{h} \\ &= \lim_{h\to 0}\frac{\{(2+h)^2-2(2+h)\}-\{2^2-2\cdot 2\}}{h} \\ &= \lim_{h\to 0}\frac{2h+h^2}{h} = \lim_{h\to 0}(2+h) = 2 \end{aligned}$$ ◀

일반적으로 연속인 함수가 모두 미분가능한 것은 아니다. 함수의 미분가능성과 연속성 사이에는 다음과 같은 관계가 있다.

[정리 3.2] (미분가능성과 연속성)
함수 $f(x)$가 $x=a$에서 미분가능하면, 함수 $f(x)$는 $x=a$에서 연속이다.

증명 함수 $f(x)$가 $x=a$에서 미분가능하면 미분계수

$$f'(a)=\lim_{h\to 0}\frac{f(a+h)-f(a)}{h}$$

가 존재한다. 따라서

$$\begin{aligned} \lim_{h\to 0}\{f(a+h)-f(a)\} &= \lim_{h\to 0}\frac{f(a+h)-f(a)}{h}\cdot h \\ &= \lim_{h\to 0}\frac{f(a+h)-f(a)}{h}\cdot\lim_{h\to 0}h \\ &= f'(a)\cdot 0 = 0 \end{aligned}$$

이므로 $\lim_{h\to 0}f(a+h)=f(a)$이다. 그러므로 함수 $f(x)$는 $x=a$에서 연속이다. ■

함수의 좌극한과 우극한의 개념을 이용하면, 함수 $f(x)$의 $x=a$에서의 좌미분계수 $f'_-(a)$와 우미분계수 $f'_+(a)$를 각각 다음과 같이 정의할 수 있다.

$$f'_-(a)=\lim_{h\to 0-0}\frac{f(a+h)-f(a)}{h}$$

$$f'_+(a)=\lim_{h\to 0+0}\frac{f(a+h)-f(a)}{h}$$

극한의 정의에 의하여, 미분계수 $f'(a)$가 존재하기 위한 필요충분조건은 함수 $f(x)$의 $x=a$에서의 좌미분계수와 우미분계수가 모두 존재하고, 이들이 일치하는 것임을 알 수 있다.

한편, 정리 3.2에 의하여 함수 $f(x)$가 미분가능한 함수이면 $f(x)$는 연속함수이다. 그러나 그 역은 일반적으로 성립하지 않는다. 다음 예제는 연속함수이지만 미분가능하지 않는 함수의 예이다.

예제 3 함수 $f(x)=|x|$의 $x=0$에서의 좌미분계수와 우미분계수를 각각 구하고, 미분가능성을 조사하라.

풀이 $$f'_-(0) = \lim_{h\to 0-0}\frac{f(0+h)-f(0)}{h} = \lim_{h\to 0-0}\frac{|h|-0}{h} = \lim_{h\to 0-0}\frac{-h}{h} = -1$$

$$f'_+(0) = \lim_{h\to 0+0}\frac{f(0+h)-f(0)}{h} = \lim_{h\to 0+0}\frac{|h|-0}{h} = \lim_{h\to 0+0}\frac{h}{h} = 1$$

이므로, $x=0$에서의 좌미분계수와 우미분계수가 일치하지 않는다. 따라서 함수 $f(x)=|x|$는 $x=0$에서 미분가능하지 않다. ◀

이제, 함수의 미분가능성과 도함수의 정의에 대하여 알아보자.

함수 $f(x)=3x^2+1$은 임의의 실수 a에 대하여 $f'(a)=6a$가 존재하므로 모든 실수에서 미분가능하다. 이와 같이, 함수 $y=f(x)$가 정의역의 모든 x값에서 미분가능하면 미분가능한 함수라고 한다. 또한, 함수 $f(x)$가 미분가능한 함수일 때, 정의역의 모든 x에 대하여 x에서의 미분계수 $f'(x)$를 대응시키면 새로운 함수 $f'(x)$를 얻을 수 있다. 이때, 함수 $f'(x)$를 함수 $f(x)$의 도함수(derivative)라고 한다.

[정의 3.3] 함수 $f(x)$가 정의역의 모든 x값에서 미분가능하면, 함수 $y=f(x)$는 **미분가능한 함수**라 하고, x에 $f'(x)$를 대응하는 함수를 함수 $f(x)$의 **도함수**라 한다.

$$f'(x) = \lim_{h \to 0} \frac{f(x+h) - f(x)}{h}$$

함수 $y=f(x)$의 도함수를 나타내는 기호로는 $f'(x)$ 이외에도 다음과 같은 것들이 있다.

$$y', \quad \frac{dy}{dx}, \quad \frac{d}{dx}f(x)$$

도함수 $f'(x)$를 구하는 것을 함수 $f(x)$를 x에 대하여 **미분한다**고 하며, 그 계산법을 **미분법**이라고 한다.

예제 4 다음 함수를 미분하라.

(1) $f(x) = 4x^2$　　　　(2) $y = x^3 + x$

풀이 (1)
$$\begin{aligned} f'(x) &= \lim_{h \to 0} \frac{4(x+h)^2 - 4x^2}{h} \\ &= \lim_{h \to 0} \frac{8xh + 4h^2}{h} \\ &= \lim_{h \to 0} (8x + 4h) \\ &= 8x \end{aligned}$$

(2)
$$\begin{aligned} y' &= \lim_{h \to 0} \frac{\{(x+h)^3 + (x+h)\} - (x^3 + x)}{h} \\ &= \lim_{h \to 0} \frac{3x^2h + 3xh^2 + h^3 + h}{h} \\ &= \lim_{h \to 0} (3x^2 + 3xh + h^2 + 1) \\ &= 3x^2 + 1 \end{aligned}$$
◀

한편, 함수 $f(x)=4x^2$의 도함수는 $f'(x)=8x$이며, 함수 $f'(x)=8x$도 역시 미분가능한 함수이다. 실제로 함수 $f'(x)$의 도함수 $\{f'(x)\}'$를 구하면

$$\{f'(x)\}' = \lim_{h\to 0}\frac{8(x+h)-8x}{h} = \lim_{h\to 0}\frac{8h}{h} = 8$$

이다. 이와 같이, 함수 $y=f(x)$의 도함수 $f'(x)$가 또 미분가능할 때, 함수 $f'(x)$의 도함수

$$\lim_{h\to 0}\frac{f'(x+h)-f'(x)}{h}$$

를 함수 $f(x)$의 **이계도함수**(second order derivative)라 하며, 이것을 기호로 다음과 같이 나타낸다.

$$f''(x),\qquad y'',\qquad \frac{d^2y}{dx^2},\qquad \frac{d^2}{dx^2}f(x)$$

예제 5 다음 함수의 이계도함수를 구하라.

(1) $y = x^2 + 1$　　　　(2) $f(x) = x^3 + x$

풀이 (1) 먼저 y'을 구하면

$$y'=\lim_{h\to 0}\frac{\{(x+h)^2+1\}-(x^2+1)}{h} = \lim_{h\to 0}(2x+h)=2x$$

이므로

$$y'' = \lim_{h\to 0}\frac{2(x+h)-2x}{h} = \lim_{h\to 0}2=2$$

(2) 예제 4에서 $f'(x)=3x^2+1$이므로

$$\begin{aligned} f''(x) &= \lim_{h\to 0}\frac{\{3(x+h)^2+1\}-(3x^2+1)\}}{h} \\ &= \lim_{h\to 0}(6x+3h) \\ &= 6x \end{aligned}$$

◀

연습문제 (3.1)

1. x가 x_1에서 $x_1+\Delta x$까지 변할 때, 함수 $f(x)=x^3+1$의 평균변화율을 구하라.

2. 다음 함수에 대하여, 주어진 $x=a$에서의 미분계수를 구하라.
   (1) $f(x) = 20000$; $a = 1$
   (2) $f(x) = x^2 - 3$; $a = \sqrt{3}$
   (3) $f'(x) = \dfrac{1}{x}$; $a = -3$

3. 다음 함수에 대하여, 주어진 $x=a$에서의 미분가능성을 조사하라.
   (1) $f(x) = x^2|x|$; $a = 0$
   (2) $f(x) = \begin{cases} x^2 + 1, & x \geq 1 \\ 2x, & x < 1 \end{cases}$; $a = 1$

4. 함수 $f(x)=|x-1|$의 $x=1$에서 연속성과 미분가능성을 조사하라.

5. 도함수의 정의에 의하여, 다음 함수의 도함수를 구여라.
   (1) $y = -\dfrac{1}{x}$ (2) $y = \sqrt{x}$

6. 함수 $f(x)$가 임의의 실수 x와 y에 대하여, $f(x+y)=f(x)+f(y)+xy$를 만족하고 $f'(0)=-2$일 때, $f'(1)$의 값을 구하라.

7. 다음 함수의 이계도함수를 구하라.
   (1) $y = -5x + 7$ (2) $y = \sqrt{3}\,x^2 + \pi$

3.2 다항함수의 미분법

간단한 함수의 도함수는 도함수의 정의를 이용하여 극한을 계산함으로써 쉽게 구할 수 있다. 그러나 함수가 복잡할 때에는 극한을 계산하는 일이 번거롭기 때문에 여러 가지 미분법의 공식을 이용해야 한다.

이 절에서는 미분법의 공식을 알아보고, 도함수의 정의와 미분법의 공식을 이용하여 다항함수의 도함수를 구하여 보자.

먼저, 함수 $f(x)$가 상수함수 $f(x)=c$(단, c는 상수)일 경우의 도함수는

$$f'(x) = \lim_{h\to 0}\frac{f(x+h)-f(x)}{h} = \lim_{h\to 0}\frac{c-c}{h} = 0$$

이고, 함수 $f(x)=x$의 도함수는

$$f'(x) = \lim_{h\to 0}\frac{f(x+h)-f(x)}{h} = \lim_{h\to 0}\frac{(x+h)-x}{h} = 1$$

임을 알 수 있다. 여기서는 음이 아닌 정수 n에 대하여 도함수 공식 $(x^n)=nx^{n-1}$을 증명하여 보자.

예제 1 음이 아닌 정수 n에 대하여, 함수 $f(x)=x^n$의 도함수는 $f'(x)=nx^{n-1}$임을 보여라.

풀이 $n=0$, $n=1$일 때는 성립하므로, n은 $n\geq 2$인 자연수라 하자.

$$\begin{aligned} f'(x) &= \lim_{h\to 0}\frac{f(x+h)-f(x)}{h} \\ &= \lim_{h\to 0}\frac{(x+h)^n-x^n}{h} \\ &= \lim_{h\to 0}\frac{1}{h}\left[\left(x^n+nx^{n-1}h+\frac{n(n-1)}{2!}x^{n-2}h^2+\cdots+h^n\right)-x^n\right] \\ &= \lim_{h\to 0}\left[nx^{n-1}+h\left(\frac{n(n-1)}{2!}x^{n-2}+\cdots+h^{n-2}\right)\right] \\ &= nx^{n-1} \end{aligned}$$

◀

이제, 다항함수를 비롯한 여러 가지 함수의 도함수를 구할 때에 필요한 미분법의 공식을 유도해 보자. 다음 미분법의 공식은 함수의 실수배, 두 함수의 합과 차, 그리고 두 함수의 곱의 도함수를 구할 때 이용된다.

[정리 3.4] 두 함수 f, g가 미분가능하면 함수 $f+g$, af(단, a는 실수), $f \cdot g$도 미분가능하고, 다음이 성립한다.

(1) $(f \pm g)'(x) = f'(x) \pm g'(x)$ (단, 복부호 동순)

(2) $(af)'(x) = af'(x)$

(3) $(f \cdot g)'(x) = f'(x)g(x) + f(x)g'(x)$

증명 (1), (2)는 도함수의 정의와 극한정리로부터 쉽게 얻어진다.

$$
\begin{aligned}
(3)\ (f \cdot g)'(x) &= \lim_{h \to 0} \frac{(f \cdot g)(x+h) - (f \cdot g)(x)}{h} \\
&= \lim_{h \to 0} \frac{f(x+h)g(x+h) - f(x)g(x)}{h} \\
&= \lim_{h \to 0} \frac{f(x+h)g(x+h) - f(x)g(x+h) + f(x)g(x+h) - f(x)g(x)}{h} \\
&= \lim_{h \to 0} \left[\frac{f(x+h) - f(x)}{h} g(x+h) + f(x) \frac{g(x+h) - g(x)}{h} \right] \\
&= f'(x)g(x) + f(x)g'(x)
\end{aligned}
$$
■

지금까지 우리는 상수함수 $f(x)=c$(단, c는 상수)와 자연수 n에 대하여 함수 $f(x)=x^n$의 도함수 공식을 구하였다. 이러한 기본적인 도함수 공식과 미분법의 성질을 이용하여 여러 가지 다항함수를 미분하여 보자.

예제 2 다음 함수를 미분하라.

(1) $y = 2004$ (2) $y = x^5$

(3) $f(x) = -100\sqrt{2}$ (4) $f(x) = x^{100}$

풀이 (1) $y' = (2004)' = 0$

(2) $y' = (x^5)' = 5x^4$

(3) $f'(x) = (-100\sqrt{2})' = 0$

(4) $f'(x) = (x^{100})' = 100x^{99}$ ◀

예제 3 다음 함수를 미분하라.

(1) $f(x) = \frac{1}{5}x^5$ (2) $f(x) = x^2 - x$

(3) $y = 3x^4 - 2\pi$ (4) $y = (2x+1)(3x^2 - x)$

풀이 (1) $f'(x) = \left(\frac{1}{5}x^5\right)' = \frac{1}{5}(x^5)' = \frac{1}{5} \cdot 5 \cdot x^4 = x^4$

(2) $f'(x) = (x^2)' - (x)' = 2 \cdot x - 1 = 2x - 1$

(3) $y' = (3x^4 - 2\pi)' = (3x^4)' - (2\pi)' = 3 \cdot 4x^3 - 0 = 12x^3$

(4) $y' = (2x + 1)' \cdot (3x^2 - x) + (2x + 1) \cdot (3x^2 - x)'$

$= 2 \cdot (3x^2 - x) + (2x + 1) \cdot (6x - 1)$

$= 18x^2 + 2x - 1$ ◀

이제, 미분가능한 함수를 거듭제곱한 함수의 미분공식을 유도해 보자. 미분가능한 함수 $f(x)$에 대하여, $\{f(x)\}^2 = f(x) \cdot f(x)$와 미분법의 공식에서 다음을 얻는다.

$$\frac{d}{dx}\{f(x)\}^2 = 2f(x) \cdot f'(x)$$

예제 4 함수 $f(x) = (x^4 + x)^2$을 미분하라.

풀이 $f'(x) = 2 \cdot (x^4 + x) \cdot (x^4 + x)' = 2 \cdot (x^4 + x) \cdot (4x^3 + 1)$ ◀

또한, 미분가능한 두 함수의 합과 곱에 대하여 성립하는 미분법 공식은 다음과 같이 미분가능한 세 함수 $f(x)$, $g(x)$, $h(x)$의 합과 곱에 대하여도 성립함을 알 수 있다.

$y = f(x) + g(x) + h(x)$이면 $y' = f'(x) + g'(x) + h'(x)$이고, $y = f(x)g(x)h(x)$이면 $y' = f'(x)g(x)h(x) + f(x)g'(x)h(x) + f(x)g(x)h'(x)$이다.

예제 5 다음 함수를 미분하라.

(1) $f(x) = x^4 - \sqrt{2}x^3 + x + 4$

(2) $y = (x + 1)(x + 2)(x + 3)$

(3) $y = (-x^2 + 5x - 1)^2$

풀이 (1) $f'(x) = (x^4)' - (\sqrt{2}x^3)' + (x)' + (4)' = 4x^3 - 3\sqrt{2}x^2 + 1$

(2) $y' = (x + 1)'(x + 2)(x + 3) + (x + 1)(x + 2)'(x + 3) + (x + 1)(x + 2)(x + 3)'$

$= (x + 2)(x + 3) + (x + 1)(x + 3) + (x + 1)(x + 2)$

$= 3x^2 + 12x + 11$

(3) $y' = 2 \cdot (-x^2 + 5x - 1) \cdot (-x^2 + 5x - 1)'$

$= 2(-x^2 + 5x - 1) \cdot (-2x + 5) = (4x - 10)(x^2 - 5x + 1)$ ◀

연습문제 (3.2)

1. 다음 함수를 미분하라.

(1) $f(x) = 1$ (2) $f(x) = x^{100}$

(3) $f(x) = x^2 + 3x$ (4) $y = (x - 1)(x - 2x^2)$

2. 다음 함수에 대하여, $f'(3)$을 구하라.

(1) $f(x) = (1 - x^2)(1 - x^3)$

(2) $f(t) = t^3 - t$

3. 미분가능한 세 함수의 곱의 미분법을 이용하여, 다음 공식을 유도하라.

$$\frac{d}{dx}\{f(x)\}^3 = 3f(x)^2 \cdot f'(x)$$

또, 함수 $y=(x^2+x)^3$에 대하여, y'과 y''을 각각 구하라.

4. 다음 주어진 조건을 만족시키는 함수 $f(x)$에 대하여, 다음 극한값을 구하라.

(1) $f(1) = 3,\ f'(1) = 2$일 때, $\lim_{x\to 1}\frac{xf(1) - f(x)}{x - 1}$

(2) $f(1) = 2,\ f'(1) = 4$일 때, $\lim_{x\to 1}\frac{x^2f(1) - f(x^2)}{x - 1}$

5. 다음 함수를 미분하라.

(1) $y = 4x^6 + 2x^3 - 1$

(2) $y = 2 - 3x - 4x^2$

(3) $y = \frac{1}{3}x^3 + \frac{1}{2}x^2 + x$

(4) $f(x) = (3x^2 + x)(-5x^7 + 4)$

(5) $f(x) = x(x^2 + 1)(2x - 1)$

(6) $f(x) = (x^2 + 3x - 5)(x^2 - x)^3$

3.3 접선의 방정식

잘 알려진 바와 같이, 도함수의 개념은 곡선에 대한 접선의 연구에서 얻어졌다. 곡선 $y=f(x)$ 위의 두 점 $P(a, f(a))$, $Q(a+h, f(a+h))$를 잇는 직선 PQ의 기울기는 $x=a$에서 $x=a+h$까지 변할 때의 함수 $f(x)$의 평균변화율이다. 이 평균변화율의 극한, 즉 함수 $f(x)$의 $x=a$에서의 미분계수 $f'(a)$와 점 P에서의 접선 PT의 기울기와의 관계에 대하여 알아보자.

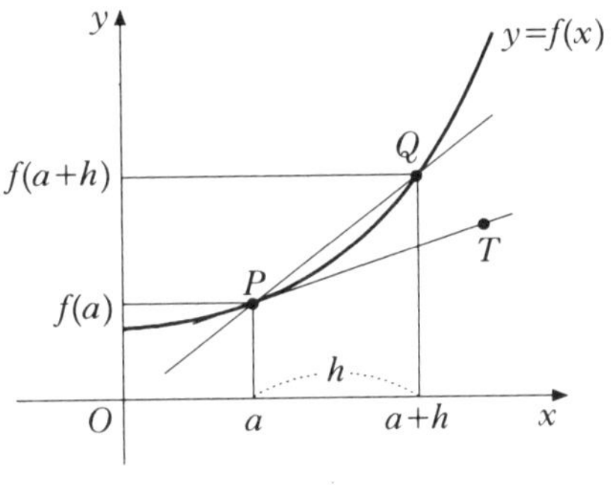

[그림 3-1]

함수 $f(x)$의 $x=a$에서의 미분계수 $f'(a)$의 기하학적 의미는 곡선 $y=f(x)$ 위의 점 $(a, f(a))$에서의 접선의 기울기이다. 즉, 곡선 $y=f(x)$ 위의 점 $(a, f(a))$에서의 접선의 기울기는

$$f'(a) = \lim_{h \to 0} \frac{f(a+h) - f(a)}{h}$$

이므로 다음과 같이 접선의 방정식을 얻는다.

[정리 3.5] (접선의 방정식)

곡선 $y=f(x)$ 위의 점 $(a, f(a))$에서의 접선의 방정식은 다음과 같다.

$$y - f(a) = f'(a)(x - a)$$

예제 1 포물선 $y=x^2+x$ 위의 점 $(1, 2)$에서의 접선의 방정식을 구하라.

풀이 함수 $f(x)=x^2+x$로 놓으면 $f'(x)=2x+1$이므로, 점 $(1, 2)$에서의 접선의 기울기는 다음과 같다.

$$f'(1) = 2 \cdot 1 + 1 = 3$$

따라서 구하는 접선은 점 $(1, 2)$를 지나고 기울기가 1인 직선이므로 접선의 방정식은 $y-2=3\cdot(x-1)$이다.

$$\therefore\ y = 3x - 1$$ ◀

한편, 접선의 기울기가 주어졌을 경우에 접선의 방정식을 구할 때에는 접점을 $P(a, f(a))$라고 놓고서 접선의 기울기가 $f'(a)$임을 이용한다.

예제 2 곡선 $y=-x^2+2x-1$에 접하고 기울기가 4인 접선의 방정식을 구하라.

풀이 접점의 좌표를 $P(a, -a^2+2a-1)$이라 하자.
$f(x)=x^2+2x-1$로 놓으면 $f'(x)=-2x+2$이므로

$$f'(a) = -2a + 2 = 4 \ \therefore\ a = -1$$

따라서 구하는 접선은 점 $P(-1, -4)$를 지나고 기울기가 4이므로 접선의 방정식은 $y+4=4(x+1)$이다.

$$\therefore\ y = 4x$$ ◀

곡선 $y=f(x)$ 위의 점 $(a, f(a))$에서 접선과 수직으로 만나는 직선을 법선이라 한다. 따라서 곡선 $y=f(x)$ 위의 점 $(a, f(a))$에서의 법선의 기울기는 $-\dfrac{1}{f'(a)}$이고, 법선의 방정식은 다음과 같다.

$$y - f(a) = -\frac{1}{f'(a)}(x - a)\ (\text{단, } f'(a) \neq 0)$$

예제 3 함수 $f(x)=\dfrac{1}{x}$에 대하여, 다음 물음에 답하여라.

(1) 도함수를 구하라.

(2) 점 $\left(2, \dfrac{1}{2}\right)$에서의 접선의 방정식을 구하라.

(3) 점 $\left(2, \dfrac{1}{2}\right)$에서의 법선의 방정식을 구하라.

풀이 (1) $f'(x)=\lim\limits_{h\to0}\dfrac{f(x+h)-f(x)}{h}$

$$= \lim_{h\to 0}\frac{\frac{1}{x+h}-\frac{1}{x}}{h} = \lim_{h\to 0}\frac{1}{h}\cdot\frac{-h}{x(x+h)} = -\frac{1}{x^2}$$

(2) $f'(x)=-\frac{1}{x^2}$이므로 점 $\left(2, \frac{1}{2}\right)$에서의 접선의 기울기는 $f'(2)=-\frac{1}{4}$이다.

따라서 접선의 방정식은 다음과 같다.

$$y-\frac{1}{2}=-\frac{1}{4}(x-2) \quad \therefore y=-\frac{1}{4}x+1$$

(3) $f'(2)=-\frac{1}{4}$이므로 점 $\left(2, \frac{1}{2}\right)$에서의 법선의 기울기는 $-\frac{1}{f'(2)}=4$이다. 따라서 법선의 방정식은 다음과 같다.

$$y-\frac{1}{2}=4(x-2) \quad \therefore y=4x-\frac{15}{2}$$ ◀

이제, 곡선 $y=f(x)$ 위에 있지 않은 한 점에서 곡선 $y=f(x)$에 그은 접선의 방정식을 구하여 보자.

예제 4 점 $P(1, -1)$에서 곡선 $y=x^2-x$에 그은 접선의 방정식을 구하라.

풀이 접점의 좌표를 $Q(a, a^2-a)$라 하자.

$f(x)=x^2-x$로 놓으면 $f'(x)=2x-1$이므로

$$f'(a)=2a-1$$

따라서 구하는 접선의 방정식은

$$y-(a^2-a)=(2a-1)(x-a)$$
$$\therefore y=(2a-1)x-a^2$$

그런데, 이 접선은 점 $P(1, -1)$을 지나므로

$-1=(2a-1)\cdot 1-a^2$에서 $a^2-2a=0$

$$\therefore a=0, \text{ 또는 } a=2$$

따라서 접선의 방정식 $y=(2a-1)x-a^2$에 $a=0$, $a=2$를 각각 대입하면, 다음과 같은 접선의 방정식을 얻는다.

$$y=-x, \text{ 또는 } y=3x-4$$ ◀

연습문제 (3.3)

1. 다음 곡선 위의 주어진 점에서의 접선의 기울기를 구하라.
   (1) $y = -3x^2$; $(1, -3)$
   (2) $y = -x^3$; $(-1, 1)$
   (3) $y = x^2 - x + 3$; $(-2, 9)$
   (4) $y = x^3 - 1$; $(2, 7)$

2. 다음 주어진 곡선 위의 점에서의 접선의 방정식과 법선의 방정식을 각각 구하라.
   (1) $y = -x^2$; $(2, -4)$
   (2) $y = (x^2 + x + 1)(x^2 - 2x + 1)$; $(0, 1)$
   (3) $y = \sqrt{x}$; $(1, 1)$

3. $y=x^2+3x-2$에 접하고 x축의 양의 방향과 이루는 각의 크기가 $45°$인 접선의 방정식을 구하라.

4. 함수 $f(x)=x^3+ax^2+b$의 그래프가 점 $(1, 4)$를 지나고 이 점에서 접선의 기울기가 -3일 때, 상수 a, b의 값과 미분계수 $f'(2)$의 값을 각각 구하라.

5. 다음 곡선에 대하여, 주어진 점 P에서 그은 접선의 방정식을 구하라.
   (1) $y = \frac{1}{2}x^2$; $P\left(1, -\frac{3}{2}\right)$
   (2) $y = x^3 + 3$; $P(0, 1)$
   (3) $y = x^3 - 2x$; $P(0, 2)$

6. 점 $P(1, -4)$에서 곡선 $y=x^2-1$에 그은 두 접선의 접점을 각각 Q, R라고 할 때, 다음 물음에 답하라.
   (1) $\overline{QR}$의 길이를 구하라.
   (2) $\triangle PQR$의 넓이를 구하라.

3.4 평균값의 정리와 함수의 증가와 감소

이 절에서는 미분의 평균값의 정리를 소개하고 이 정리를 이용하여 함수의 증가와 감소를 알아본다.

폐구간 $[a, b]$에서 연속이고 개구간 (a, b)에서 미분가능한 함수 $y=f(x)$에 대하여 성립하는 성질인 평균값의 정리는 롤(Rolle)의 정리의 일반화이므로 먼저 롤의 정리를 증명 없이 소개한다.

[정리 3.6] (롤의 정리)
함수 $f(x)$가 폐구간 $[a, b]$에서 연속이고 개구간 (a, b)에서 미분가능하며 $f(a)=f(b)=0$이면 $c\in(a, b)$가 적어도 하나 존재하여 $f'(c)=0$을 만족한다.

여기서는 롤의 정리의 기하학적 의미를 살펴보자.

그림 3-2에서와 같이, 폐구간 $[a, b]$에서 연속이고 개구간 (a, b)에서 미분가능한 함수 $y=f(x)$에 대하여 곡선 $y=f(x)$가 x축과 두 점 $(a, 0)$, $(b, 0)$에서 만난다고 하자. 그러면 개구간 (a, b)에 적당한 점 $x=c$가 적어도 하나 있어서 점 $(c, f(c))$에서의 접선이 x축과 나란하게 됨을 뜻한다. 실제로는 $f'(c)=0$인 $c\in(a, b)$의 값은 여러 개일 수 있다.

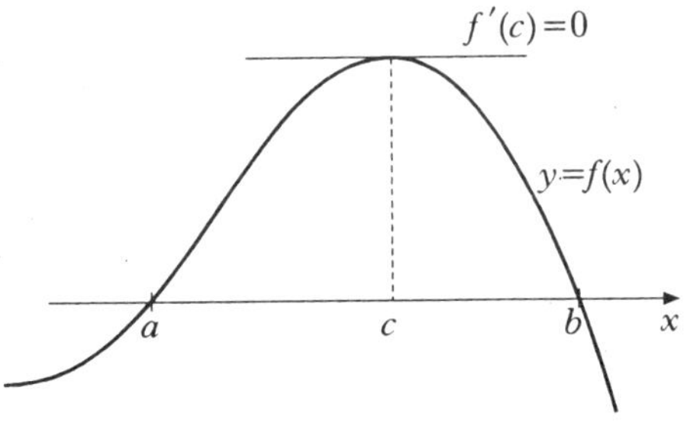

[그림 3-2]

이제, 롤의 정리를 일반화한 평균값의 정리에 대하여 알아보자.

먼저 평균값의 정리를 기하학적으로 살펴보자. 폐구간 $[a, b]$에서 연속이고 개구간

(a, b)에서 미분가능한 함수 $y=f(x)$에 대하여, 그림 3-3과 같이 두 점 $(a, f(a))$와 $(b, f(b))$를 지나는 직선과 평행한 접선을 갖는 접점 $(c, f(c))$ (단, $a<c<b$)는 반드시 적어도 하나 존재함을 알 수 있다.

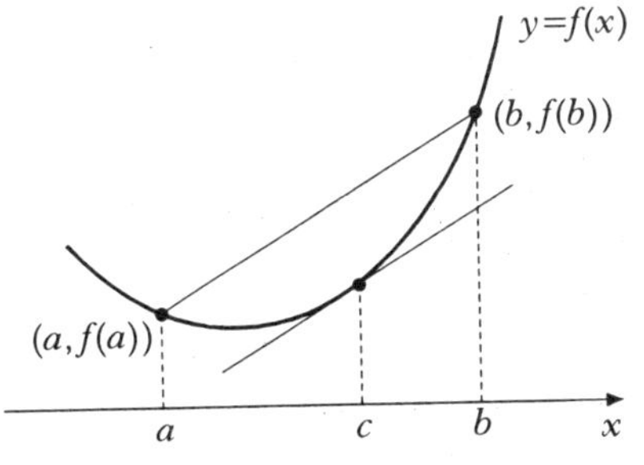

[그림 3-3]

다음 정리는 미분의 평균값의 정리라고 하며, 함수의 증가와 감소를 비롯하여 미분의 여러 가지 성질을 증명하는 데 이용된다.

[정리 3.7] (평균값의 정리)

함수 $f(x)$가 폐구간 $[a, b]$에서 연속이고 개구간 (a, b)에서 미분가능하면 $c\in(a, b)$가 적어도 하나 존재하여 다음을 만족한다.

$$f'(c) = \frac{f(b) - f(a)}{b - a}$$

증명 폐구간 $[a, b]$에서 함수 $g(x)$를 다음과 같이 정의하자.

$$g(x) = f(x) - \left\{\frac{f(b) - f(a)}{b - a}(x - a) + f(a)\right\}$$

그러면 함수 $f(x)$가 폐구간 $[a, b]$에서 연속이고 개구간 (a, b)에서 미분가능하므로, 함수 $g(x)$도 폐구간 $[a, b]$에서 연속이고 개구간 (a, b)에서 미분가능하다.

한편, $g(a)=g(b)=0$이므로 롤의 정리에 의하여 $g'(c)=0$인 $c\in(a, b)$가 적어도 하나 존재한다. 그런데 $g'(x)=f'(x)-\frac{f(b)-f(a)}{b-a}$이므로 다음을 얻는다.

$$g'(c) = f'(c) - \frac{f(b) - f(a)}{b - a} = 0$$

$$\therefore f'(c) = \frac{f(b) - f(a)}{b - a}$$ ■

예제 1 다음 함수 $f(x)$의 그래프에서 두 점 $(0, 0)$과 $(2, -6)$을 지나는 직선과 평행한 접선을 갖는 접점의 x좌표 $c \in (0, 2)$를 모두 구하라.

$$f(x) = -x^3 + 2x^2 - 3x$$

풀이 두 점 $(0, 0)$과 $(2, -6)$을 지나는 직선의 기울기는 $\dfrac{-6-0}{2-0}=-3$이다.

한편, $f'(x)=-3x^2+4x-3$이므로 $f'(c)=-3$에서

$$3c^2 - 4c + 3 = 3 \qquad \therefore c = 0, \frac{4}{3}$$

따라서 $c \in (0, 2)$이므로 구하려는 접점의 x좌표는 $\dfrac{4}{3}$뿐이다. ◀

이제, 함수의 증가와 감소를 정의하고 평균값의 정리를 이용하여 도함수와 함수의 증가와 감소와의 관계를 알아보자.

함수 $f(x)=x^2$은 구간 $(0, \infty)$에서는 $x_1 < x_2$이면 $f(x_1) < f(x_2)$이고 $f'(x) > 0$이다.

한편, 구간 $(-\infty, 0)$에서는 $x_1 < x_2$이면 $f(x_1) > f(x_2)$이고 $f'(x) < 0$이다.

일반적으로, 함수 $f(x)$가 어떤 구간의 임의의 두 수 x_1, x_2에 대하여

$$x_1 < x_2\text{이면 } f(x_1) < f(x_2)$$

일 때, 함수 $f(x)$는 그 구간에서 **증가**한다고 한다. 한편

$$x_1 < x_2\text{이면 } f(x_1) > f(x_2)$$

일 때, 함수 $f(x)$는 그 구간에서 **감소**한다고 한다.

예제 2 함수 $f(x)=x^3$은 실수 전체에서 증가함을 보여라.

풀이 임의의 두 실수 x_1, x_2에 대하여, $x_1 < x_2$라고 하면

$$f(x_1) - f(x_2) = x_1^3 - x_2^3 = (x_1 - x_2)(x_1^2 + x_1x_2 + x_2^2)$$

에서 $x_1-x_2 < 0$이고 $x_1^2+x_1x_2+x_2^2 > 0$이므로 $f(x_1) < f(x_2)$이다.

따라서 함수 $f(x)=x^3$은 실수 전체에서 증가한다. ◀

다음 정리에서는 도함수를 이용하여 함수의 증가와 감소를 조사하는 방법을 알려준다.

[정리 3.8] 함수 $f(x)$가 폐구간 $[a, b]$에서 연속이고 개구간 (a, b)에서 미분가능하며 임의의 $x \in (a, b)$에 대하여

$f'(x) > 0$이면 함수 $f(x)$는 개구간 (a, b)에서 증가함수이고,

$f'(x) < 0$이면 함수 $f(x)$는 개구간 (a, b)에서 감소함수이다.

증명 먼저 $f'(x) > 0$인 경우를 생각하자.

폐구간 $[a, b]$에 있는 임의의 두 점 x_1, x_2이 $x_1 < x_2$라고 하자.

그러면 함수 $f(x)$가 폐구간 $[x_1, x_2]$에서 연속이고 개구간 (x_1, x_2)에서 미분가능하므로 평균값의 정리를 이용하면 $c \in (x_1, x_2)$가 적어도 하나 존재하여 다음을 만족한다.

$$\frac{f(x_2) - f(x_1)}{x_2 - x_1} = f'(c)$$

그런데 $x_2 - x_1 > 0$이고 $f'(c) > 0$이므로 $f(x_2) - f(x_1) > 0$, 즉 $f(x_1) < f(x_2)$가 성립한다. 따라서 $f'(x) > 0$이면 함수 $f(x)$는 개구간 (a, b)에서 증가함수이다.

마찬가지 방법으로, $f'(x) < 0$인 경우에는 함수 $f(x)$가 개구간 (a, b)에서 감소함수임을 보일 수 있다. ■

위의 정리에 의하여, 함수의 증가구간과 감소구간을 조사하기 위해서는 도함수의 부호를 조사하면 된다.

예제 3 다음 함수가 증가하는 구간과 감소하는 구간을 조사하라.

(1) $f(x) = -x^3 + 3x^2 - 1$

(2) $f(x) = x^3 - 3x + 1$

풀이 (1) $f'(x) = -3x^2 + 6x = -3x(x-2)$이므로

$$f'(x) > 0 \Leftrightarrow 0 < x < 2$$
$$f'(x) < 0 \Leftrightarrow x < 0 \text{ 또는 } x > 2$$

따라서 증가하는 구간은 $(0, 2)$이고, 감소하는 구간은 $(-\infty, 0) \cup (2, \infty)$이다.

(2) $f'(x) = 3x^2 - 3 = 3(x+1)(x-1)$이므로

$$f'(x) > 0 \Leftrightarrow x < -1 \text{ 또는 } x > 1$$
$$f'(x) < 0 \Leftrightarrow -1 < x < 1$$

따라서 함수가 증가하는 구간은 $(-\infty,\ -1)\cup(1,\ \infty)$이고, 감소하는 구간은 $(-1,\ 1)$이다. ◀

오른쪽 그림은 함수 $f(x)=x^3-3x$의 그래프이며, 이 함수는 $x=-1$과 $x=1$의 좌우에서 증가상태와 감소상태가 바뀌는 것을 알 수 있다.

이와 같이, 함수의 증가상태와 감소상태가 바뀌는 점에 대하여 알아보자.

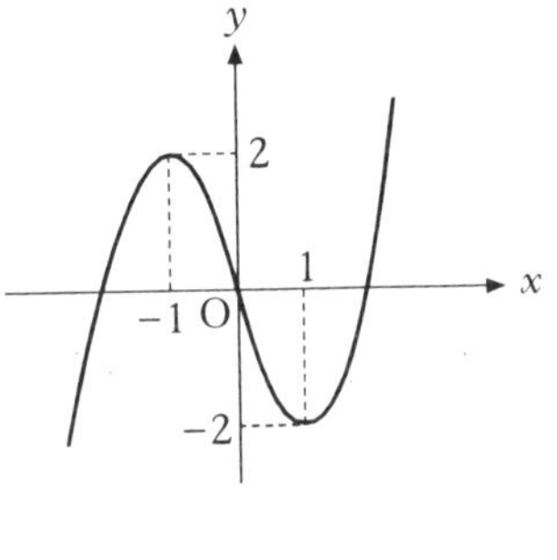

[그림 3-4]

[정의 3.9] 함수 $f(x)$에서 $x=a$를 포함하는 개구간 $(c,\ d)$가 정의역에 존재하여 $x\in(c,\ d)$인 모든 x에 대하여 $f(a)\ge f(x)$ (또는 $f(a)\le f(x)$)를 만족하면 점 $(a,\ f(a))$를 **극대점**(또는, **극소점**)이라 한다. 이때, 함수 $f(x)$는 $x=a$에서 **극대값**(또는, **극소값**) $f(a)$를 가진다고 한다.

일반적으로, 함수 $f(x)$가 $x=a$에서 연속이고, $x=a$의 좌우에서

$f(x)$가 증가상태에서 감소상태로 변하면 $f(a)$는 극대값이고,
$f(x)$가 감소상태에서 증가상태로 변하면 $f(a)$는 극소값이다.

또, 극대값과 극소값을 통틀어 극값이라고 한다. 따라서 함수 $f(x)=x^3-3x$의 극대값은 $f(-1)=2$이고 극소값은 $f(1)=-2$이다.

한편, 다음 정리에서와 같이 미분가능한 함수 $f(x)$가 $x=a$에서 극대값 또는 극소값을 가지는 경우는 $f'(a)=0$임을 증명할 수 있다.

[정리 3.10] 함수 $f(x)$가 $x=a$에서 미분가능하고, $x=a$에서 극값을 가지면 $f'(a)=0$이다.

증명 함수 $f(x)$가 $x=a$에서 미분가능하고, $f(a)$가 극대값이라고 하자. 그러면 절대값이 충분히 작은 h에 대하여 $f(a)\ge f(a+h)$이므로

$$h > 0\text{이면 } \frac{f(a+h)-f(a)}{h} \leq 0$$
$$h < 0\text{이면 } \frac{f(a+h)-f(a)}{h} \geq 0$$

그런데 함수 $f(x)$는 $x = a$에서 미분가능하므로

$$0 \leq \lim_{h\to 0-0} \frac{f(a+h)-f(a)}{h} = \lim_{h\to 0+0} \frac{f(a+h)-f(a)}{h} \leq 0$$
$$\therefore f'(a) = 0$$

$f(a)$가 극소값인 경우도 마찬가지로 $f'(a) = 0$임을 증명할 수 있다. ■

함수 $f(x)$가 $x=a$에서 극값을 가지면, 함수의 증가상태와 감소상태가 바뀌므로 도함수 $f'(x)$의 부호가 바뀐다. 따라서 다항함수 $f(x)$의 극대값과 극소값을 $f'(x)$의 부호로 다음과 같이 판정할 수 있다.

$f'(a)=0$이고 $x=a$의 좌우에서 $f'(x)$의 부호가

양에서 음으로 변하면 $f(a)$는 극대값이고,
음에서 양으로 변하면 $f(a)$는 극소값이다.

이때, 도함수의 부호를 이용하여 함수 $f(x)$의 증가와 감소를 나타내는 표를 만들면 편리하다.

예제 4 함수 $f(x)=x^3-3x^2$의 극값을 모두 구하라.

풀이
$$f'(x) = 3x^2 - 6x = 3x(x-2)$$
$$f'(x) = 0\text{에서 } x = 0, 2$$

이로부터 $f(x)$의 증가와 감소를 나타내는 표를 만들면 다음과 같다.

x	$\cdots$	0	$\cdots$	2	$\cdots$
$f'(x)$	+	0	−	0	+
$f(x)$	↗	0 극대값	↘	−4 극소값	↗

따라서 함수 $f(x)$의 극값은 다음과 같다.

$x = 0$에서 극대이고 극대값은 $f(0) = 0$,
$x = 2$에서 극소이고 극소값은 $f(2) = -4$. ◀

예제 5 함수 $f(x)=x^3+ax^2+bx+c$는 $x=-1$에서 극대값 5를 갖고, $x=3$에서 극소값을 갖는다고 한다. 이때, a, b, c의 값과 극소값을 각각 구하라.

풀이 $f'(x)=3x^2+2ax+b$이고, 함수 $f(x)$는 $x=-1$, 3에서 극값을 가지므로 다음이 성립한다.

$$f'(-1) = 3 - 2a + b = 0$$
$$f'(3) = 27 + 6a + b = 0$$

또, $x=-1$일 때, 극대값은 $f(-1)=5$이므로

$$f(-1) = -1 + a - b + c = 5$$

위 식들을 연립하여 풀면

$$a = -3, b = -9, c = 0$$

따라서 $f(x) = x^3 - 3x^2 - 9x$이므로, 구하는 극소값은 $f(3) = -27$이다. ◀

연습문제 (3.4)

1. 롤의 정리를 이용하여, 주어진 구간에서 $f'(c)=0$이 되는 c의 값을 모두 구하라.
   (1) $f(x) = x^2 - 8x + 15$; $[3, 5]$
   (2) $f(x) = x^3 - x^2 - 12x + 6$; $[-3, 4]$

2. 함수 $f(x)=x^2+\sqrt{5}\,x$와 구간 $[0, \sqrt{5}]$에 대하여, 다음을 만족시키는 $c\in(0, \sqrt{5})$의 값을 모두 구하라.

$$\frac{f(b) - f(a)}{b - a} = f'(c)$$

3. 다음 함수의 증가하는 구간과 감소하는 구간을 구하라.
   (1) $y = 2x^2 - 6x$
   (2) $y = -4x^2 + 4x + 3$
   (3) $y = x^3 + 3x^2$
   (4) $y = x^4 - 2x^2$

4. 함수 $f(x)=x^3-3x^2+1$의 극대값과 극소값을 각각 구하라.

5. 함수 $f(x)=-x^3+ax^2+bx-10$은 $x=3$에서 극대값 8을 갖는다.
   이때, a, b의 값을 각각 구하라.

6. 함수 $f(x)=2x^3-3x^2+6kx$가 극대값과 극소값을 모두 가질 k값의 범위를 구하라.

3.5 그래프의 개형

$y=f(x)$의 그래프는 일반적으로 평면 위에 있는 곡선이 된다. 이 절에서는 미분을 이용하여 함수의 그래프, 즉 곡선의 개형을 그리는 방법을 공부한다.

우리는 이미 어떤 구간의 임의의 x에 대하여, $f'(x)>0$이면 함수 $y=f(x)$는 이 구간에서 증가함수이고, $f'(x)<0$이면 함수 $y=f(x)$는 이 구간에서 감소함수임을 알고 있다. 여기서는 곡선의 개형을 그리기 위하여 필요한 곡선의 모양인 오목과 볼록에 대하여 알아보자.

함수 $y=f(x)$는 모든 x의 값에서 도함수 $f'(x)$와 이계도함수 $f''(x)$가 존재한다고 하자.

이 때, 곡선 $y=f(x)$의 모양은

증가하다 감소하면 **아래로 오목**(concave downward)(또는, 위로 볼록),
감소하다 증가하면 **위로 오목**(concave upward)(또는, 아래로 볼록)

하게 된다.

한편, 그림 3-5에서 보는 바와 같이, 곡선 $y=f(x)$의 모양이 아래로 오목할 때에는 곡선 위의 각 점에서의 접선의 기울기 $f'(x)$는 감소하게 되어 기울기의 변화율인 $f''(x)$는 음이 된다. 즉 이계도함수 $f''(x)<0$일 때 곡선의 개형은 아래로 오목함을 알 수 있다.

마찬가지로 그림 3-6에서 보는 바와 같이, 곡선 $y=f(x)$에서 $f''(x)>0$일 때 곡선의 개형은 위로 오목함을 알 수 있다.

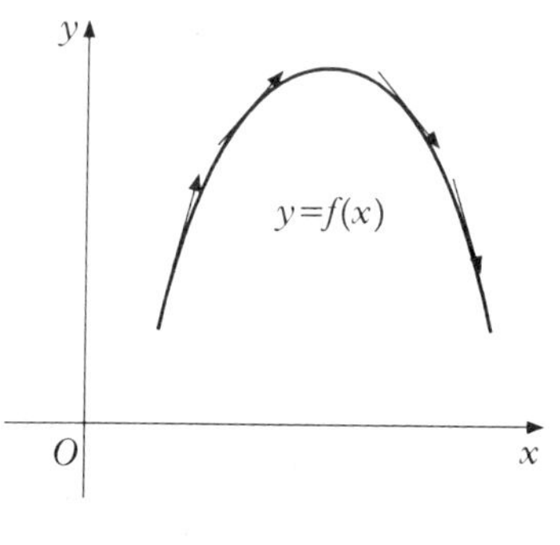

[그림 3-5]

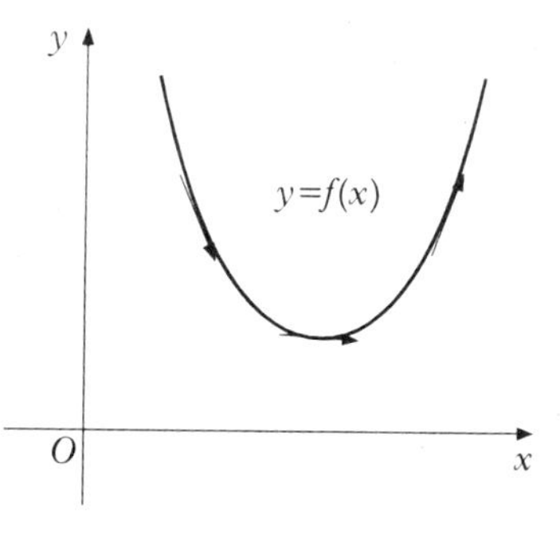

[그림 3-6]

따라서, 곡선의 오목과 볼록에 대한 다음 정리를 얻을 수 있다. 그런데 이 정리의 증명은 곡선의 오목과 볼록에 대한 엄밀한 정의를 필요로 하므로 여기서는 생략한다.

[정리 3.11] 함수 $y=f(x)$가 구간 (a, b)의 모든 x에 대하여

$f''(x) < 0$이면 곡선 $y = f(x)$는 구간(a, b)에서 아래로 오목하고,
$f''(x) > 0$이면 곡선 $y = f(x)$는 구간(a, b)에서 위로 오목하다.

함수 $y=f(x)$가 $f''(x_1)=0$이고 $x=x_1$의 좌우에서 이계도함수 $f''(x)$의 부호가 바뀌면 점 $(x_1, f(x_1))$에서 곡선의 모양은 아래로 오목에서 위로 오목(또는 위로 오목에서 아래로 오목)으로 바뀐다. 이와 같이 곡선의 오목과 볼록이 바뀌는 점을 **변곡점**(inflection point)이라고 한다.

또한, 이계도함수는 곡선의 극점을 판단하는 데에도 쓰인다. 즉, 도함수 $f'(x_1)=0$이고, 이계도함수 $f''(x)$가 연속일 때,

$f''(x_1) > 0$이면 점 $(x_1, f(x_1))$는 극소점이고,
$f''(x_1) < 0$이면 점 $(x_1, f(x_1))$는 극대점이다.

예제 1 함수 $f(x)=-x^3+3x+5$의 극대점과 극소점을 구하라. 또, 아래로 오목인 구간과 위로 오목인 구간을 찾고 변곡점을 구하라.

풀이 $f'(x) = -3x^2 + 3$, $f''(x) = -6x$이다.
$f'(x) = 0$에서 $x = -1, 1$.

그런데, $f''(-1) > 0$이므로 점 $(-1, 3)$은 극소점이고, $f''(1) < 0$이므로 점 $(1, 7)$은 극대점이다.

또한 $f''(x)=0$에서 $x=0$이다. 그런데

$$f''(x) > 0 \Leftrightarrow x < 0,$$
$$f''(x) < 0 \Leftrightarrow x > 0$$

이므로 구간 $(-\infty, 0)$에서 위로 오목하고, 구간 $(0, \infty)$에서 아래로 오목하며, 변곡점은 $(0, 5)$이다. ◀

이제, 미분을 이용하여 곡선의 개형을 그려보자. 이때, 다음 예제에서처럼 함수의 도함수와 이계도함수의 부호를 이용하여 함수의 증가와 감소, 그리고 곡선의 오목과 볼록을 나타내는 표를 만들면 편리하다.

예제 2 함수 $f(x)=2x^3-12x^2+18x-2$의 그래프의 개형을 그려라.

풀이 $f'(x)=6(x-1)(x-3)$이므로 $f'(x)=0$에서 $x=1, 3$

$f''(x) = 12(x - 2)$이므로 $f''(x) = 0$에서 $x = 2$

한편, $f(1)=6$, $f(2)=2$, $f(3)=-2$이다.

따라서 함수의 증가와 감소, 그리고 곡선의 오목과 볼록을 나타내는 표를 만들고 그래프의 개형을 그리면 다음과 같다.

x	$\cdots$	1	$\cdots$	2	$\cdots$	3	$\cdots$
$f'(x)$	+	0	−	−	−	0	+
$f''(x)$	−	−	−	0	+	+	+
$f(x)$	↗	6 극대값	↘	2 변곡점	↘	−2 극소값	↗

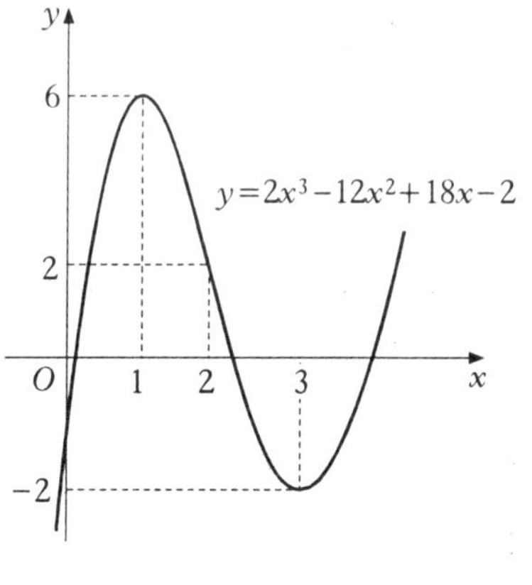

[그림 3-7] ◀

예제 3 함수 $f(x)=3x^4-4x^3-1$의 그래프의 개형을 그려라.

풀이 $f'(x)=12x^3-12x^2=12x^2(x-1)$이므로

$$f'(x)=0\text{에서 } x=0,\ 1$$

$f''(x)=36x^2-24x=12x(3x-2)$이므로

$$f''(x) = 0\text{에서 } x = 0,\ \frac{2}{3}$$

한편, $f(0)=-1$, $f\left(\frac{2}{3}\right)=-\frac{43}{27}$, $f(1)=-2$이다.

따라서, 함수의 증가와 감소, 그리고 곡선의 오목과 볼록을 나타내는 표의 개형을 만들고 그래프의 개형을 그리면 다음과 같다.

x	$\cdots$	0	$\cdots$	$\frac{2}{3}$	$\cdots$	1	$\cdots$
$f'(x)$	$-$	0	$-$	$-$	$-$	0	$+$
$f''(x)$	$+$	0	$-$	0	$+$	$+$	$+$
$f(x)$	↘	-1 변곡점	↘	$-\frac{43}{27}$ 변곡점	↘	-2 극소값	↗

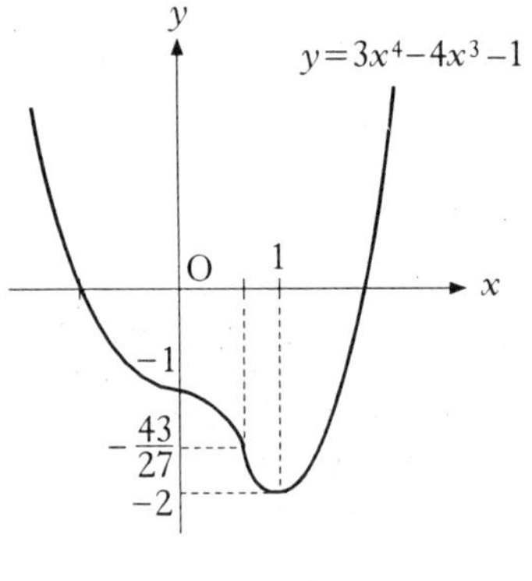

[그림 3.8]

연습문제 (3.5)

1. 다음 함수의 극값을 구하고, 그래프의 개형을 그려라.
   (1) $y = 3x^2 - 12x + 5$
   (2) $y = -(x + 4)^2 + 1$

2. 다음 함수의 위로 오목한 구간과 아래로 오목한 구간을 조사하고, 변곡점이 있으면 찾아라.
   (1) $y = x^2 - 2x + 1$
   (2) $y = -2(x - 3)^2 + 4$
   (3) $y = \frac{1}{3}x^3 - x^2 + x + 1$
   (4) $y = -(x + 2)^2(x - 1)$

3. 다음 함수의 증가와 감소, 오목을 나타내는 표를 만들고, 그래프의 개형을 그려라.
   (1) $y = 3x^4 - 16x^3 + 18x^2 + 5$
   (2) $y = (x + 4)^2(x - 2)^2$

4. 다음 함수의 극점과 변곡점을 각각 구하고, 곡선의 개형을 그려라.
   (1) $f(x) = 3x^4 - 12x^2 + 12$
   (2) $f(x) = x^3 - x^2$
   (3) $f(x) = -2x^3 + 6x^2 + 18x + 1$

5. 다음 오차함수의 그래프의 개형을 그려라.
   (1) $y = -x^5 + 2$
   (2) $y = 3x^5 - 5x^3$

3.6 도함수의 활용

이 절에서는 여러 가지 도함수의 활용에 대하여 알아보자.

다항함수는 연속함수이므로 연속함수의 최대값과 최소값의 정리에 의하여 폐구간 $[a, b]$에서 다항함수 $f(x)$는 최대값과 최소값을 가진다. 도함수를 이용하면 주어진 함수의 최대값과 최소값을 구할 수 있으며, 폐구간 $[a, b]$에서 다항함수 $f(x)$의 최대값과 최소값은 다음과 같이 구한다.

다항함수 $f(x)$가 폐구간 $[a, b]$에서 극값을 가질 때, $[a, b]$에서 $f(x)$의

최대값은 극값, $f(a)$, $f(b)$중에서 최대인 것이고,
최소값은 극값, $f(a)$, $f(b)$중에서 최소인 것이다.

따라서 폐구간에서 다항함수의 최대값과 최소값을 구할 때에는 극값과 구간의 양 끝점에서의 함수값을 생각한다.

예제 1 가로의 길이가 48cm, 세로의 길이가 30cm인 직사각형 모양의 양철판의 네 귀에서 같은 크기의 정사각형을 잘라 내고 남은 부분을 접어서 직육면체 모양의 상자를 만들 때, 이 상자의 부피의 최대값을 구하여라.

풀이 잘라 낸 정사각형의 한 변의 길이를 $x$cm라고 하면, 상자의 부피 $V(x)\text{cm}^3$는 다음과 같다.

$$V(x) = x(48 - 2x)(30 - 2x) \text{ (단, } 0 \le x \le 15)$$
$$\therefore V'(x) = 12(x - 6)(x - 20)$$

$V'(x)=0$에서 $x=6, 20$이므로 폐구간 $[0, 15]$에서 $V(x)$의 증가와 감소를 나타내는 표는 다음과 같다.

x	0	$\cdots$	6	$\cdots$	15
$V'(x)$	+	+	0	−	−
$V(x)$	\	↗	극대값	↘	\

따라서 상자의 부피는 $x=6$일 때 극대이고, 최대가 되므로 구하려는 부피의 최대값은 $V(6)=3888\text{cm}^3$이다. ◀

이제, 도함수를 활용하여 방정식의 실근의 개수를 구하여 보자.
다항함수 $f(x)$에 대하여 방정식 $f(x)=0$의 실근은 함수 $y=f(x)$의 그래프와 x축과의 교점의 x좌표이다. 따라서 곡선 $y=f(x)$와 x축과의 교점의 개수를 조사하면 방정식 $f(x)=0$의 실근의 개수를 구할 수 있다.

예제 2 방정식 $x^3-3x-1=0$의 실근의 개수를 구하라.

풀이 $f(x)=x^3-3x-1$로 놓으면

$$f'(x) = 3x^2 - 3 = 3(x+1)(x-1)$$

$f'(x)=0$에서 $x=1, -1$이므로 함수 $f(x)$의 증가와 감소를 나타내는 표를 만들고 그래프의 개형을 그리면 다음과 같다.

x	$\cdots$	-1	$\cdots$	1	$\cdots$
$f'(x)$	$+$	0	$-$	0	$+$
$f(x)$	↗	1 극대값	↘	-3 극소값	↗

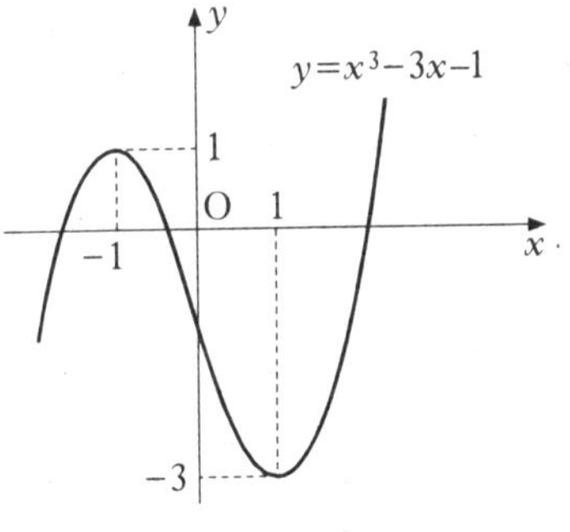

[그림 3-9]

따라서 곡선 $y=x^3-3x-1$은 x축과 세 점에서 만나고 방정식 $x^3-3x-1=0$은 서로 다른 세 개의 실근을 갖는다. ◀

예제 3 방정식 $x^3-3x-a=0$이 서로 다른 세 개의 실근을 가지기 위한 상수 a값의 범위를 구하라.

풀이 주어진 방정식을 변형하면

$$x^3 - 3x = a$$

함수 $f(x)=x^3-3x$라고 놓으면 $f'(x)=3(x+1)(x-1)$
함수 $f(x)$의 증가와 감소를 나타내는 표를 만들고 그래프의 개형을 그리면 다음과 같다.

x	$\cdots$	-1	$\cdots$	1	$\cdots$
$f'(x)$	$+$	0	$-$	0	$+$
$f(x)$	↗	2 극대값	↘	-2 극소값	↘

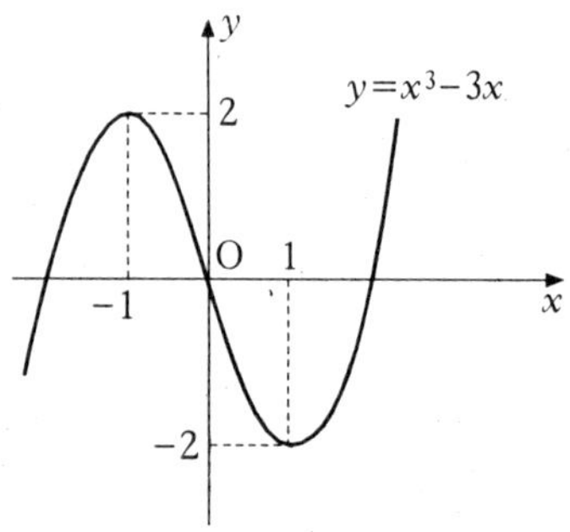

[그림 3-10]

방정식 $x^3-3x=a$의 서로 다른 실근의 개수는 곡선 $y=x^3-3x$와 직선 $y=a$의 교점의 개수와 같다. 따라서 방정식 $x^3-3x=a$가 서로 다른 세 개의 실근을 가지기 위한 a값의 범위는 $-2<a<2$이다. ◀

여기서는 도함수를 이용하여 함수의 그래프의 개형을 그리고, 그래프를 이용하여 주어진 부등식이 성립함을 증명하는 방법을 알아보자.

예제 4 $x\geq 1$일 때, 다음 부등식이 성립함을 증명하라.

$$x^3 + 4 \geq 3x^2$$

풀이 $f(x)=x^3-3x^2+4$로 놓으면

$$f'(x) = 3x^2 - 6x = 3x(x-2)$$

이므로, 함수 $f(x)$의 증가와 감소를 나타내는 표는 오른쪽과 같다.

x	1	$\cdots$	2	$\cdots$
$f'(x)$	$-$	$-$	0	$+$
$f(x)$	2	↘	0 극소값	↗

$x \geq 1$일 때, $f(x)$의 최소값은 0이므로

$$f(x) \geq 0 \text{ 즉, } x^3 - 3x^2 + 4 \geq 0$$

이다. 따라서 $x \geq 1$일 때, 부등식 $x^3+4 \geq 3x^2$이 성립한다. ◀

마지막으로, 도함수를 활용하여 직선 위를 움직이는 물체의 속도와 가속도를 구하여 보자.

일반적으로, 점 P가 수직선 위를 움직일 때, 시각 t에서의 점 P의 좌표 x는 t의 함수 $x=f(t)$로 나타낼 수 있다. 이 때, 시각이 t에서 $t+\Delta t$로 변하는 동안 점 P의 좌표가 x에서 $x+\Delta x$로 변한다면 점 P의 평균속도는 함수 $x=f(t)$의 평균변화율 $\frac{\Delta x}{\Delta t}=\frac{f(t+\Delta t)-f(t)}{\Delta t}$이다. 또한, 함수 $x=f(t)$의 순간변화율을 점 P의 순간속도 또는 속도(velocity)라고 하며, v로 나타낸다. 즉

$$v = \frac{dx}{dt} = \lim_{\Delta t \to 0} \frac{f(t + \Delta t) - f(t)}{\Delta t}$$

한편, 속도의 절대값 $|v|$를 시각 t에서의 점 P의 속력(speed)이라고 한다.

예를 들면, 수직선 위를 움직이는 점 P의 시각 t에서의 좌표가 함수 $x=t^2+t$로 나타내어질 때, 시각 t에서의 점 P의 속도 v는 $v=\frac{dx}{dt}=2t+1$ 이다.

따라서 $t=2$일 때의 속도는 $v(2)=5$이다.

또한, 점 P의 속도 v가 $v=2t+1$일 때, $\frac{dv}{dt}=2$는 점 P의 시각 t에서의 속도의 순간변화율을 의미한다. 이와 같이, 시각에 따른 속도의 변화, 즉 속도 v의 순간변화율을 가속도(acceleration)라 하고, a로 나타낸다.

[정의 3.12] 수직선 위를 움직이는 점 P의 좌표 x가 시각 t의 함수 $x=f(t)$로 나타내어질 때, 시각 t에서의 점 P의 **속도** v와 **가속도** a는

$$v=\frac{dx}{dt}=f'(t), \quad a=\frac{dv}{dt}=v'(t)=f''(t)$$

한편, 수직선 위를 움직이는 점 P의 속도를 v라 할 때, $v>0$이면 점 P는 직선 위를 양의 방향으로 움직이며, $v<0$이면 점 P는 직선 위를 음의 방향으로 움직인다.

따라서, $v=f'(t_1)=0$이고 $t=t_1$의 좌우에서 $f'(t)$의 부호가 바뀌면 점 P는 $t=t_1$에서 운동 방향을 바꾸게 됨을 알 수 있다.

예제 5 원점을 출발하여 수직선 위를 움직이는 점 P가 있다. 점 P의 t초 후의 위치 x가 $x=4t^3-8t^2$일 때, 다음 물음에 답하라.

(1) t초 후의 점 P의 속도 v를 구하라.

(2) 점 P가 움직이는 방향을 바꾸는 것은 몇 초 후인가?

풀이 (1) $x=4t^3-8t^2$이므로 $v=\dfrac{dx}{dt}=12t^2-16t=4t(3t-4)$이다.

(2) $v=4t(3t-4)=0$에서 $t=0$ 또는 $t=\dfrac{4}{3}$이다.

$$0 < t < \frac{4}{3}\text{일 때 } v < 0\text{이고, } t > \frac{4}{3}\text{일 때 } v > 0$$

이므로 점 P가 움직이는 방향을 바꾸는 것은 $\dfrac{4}{3}$초 후이다. ◀

예제 6 지상에서 매초 29.4m의 빠르기로 똑바로 쏘아 올린 물체의 t초 후의 높이 xm가 $x=29.4t-4.9t^2$으로 나타난다고 한다.

(1) 쏘아 올린 지 2초 후의 물체의 속도와 가속도를 각각 구하라.

(2) 쏘아 올린 지 3초 후의 물체의 속도를 구하라.

(3) 물체가 지상에 떨어지는 순간의 속도를 구하라.

풀이

$$v=\frac{dx}{dt}=29.4-9.8t,\ a=\frac{dv}{dt}=-9.8$$

(1) $t=2$를 위의 식에 각각 대입하면 쏘아 올린 지 2초 후의 이 물체의 속도는 9.8m/sec이고, 가속도는 -9.8m/sec^2이다.

(2) $t=3$을 식 $v=29.4-9.8t$에 대입하면 구하는 속도는 0m/sec이다.

(3) 물체가 지상에 떨어지는 순간은 물체의 높이는 0이므로 $x=0$에서

$$29.4t-4.9t^2=0 \quad \therefore t=0 \text{ 또는 } t=6$$

$t=6$일때, $v=29.4-9.8\times6=-29.4$이다.

따라서 구하는 속도는 -29.4m/sec이다. ◀

연습문제 (3.6)

1. 다음 함수의 주어진 구간에서 최대값과 최소값을 각각 구하라.
   (1) $f(x) = -2x^3 + 9x^2 - 12x + 1$; $[0, 2]$
   (2) $f(x) = x^4 - 2x^2 + 3$; $[-2, 3]$

2. 다음 함수의 그래프의 개형을 그리고, 최대값 또는 최소값을 구하라.

$$f(x) = 3x^4 + 4x^3 - 12x^2 + 15$$

3. 밑면의 반지름의 길이 r와 높이 h의 합이 일정한 원기둥 중에서 부피가 최대인 것의 r와 h의 비 $r : h$를 구하라.

4. 그래프를 이용하여, 다음 방정식의 실근의 개수를 조사하라.
   (1) $-x^3 + 3x = -4$　　(2) $x^4 + 4x - 2 = 0$

5. 방정식 $x^3-3x^2-9x+p=0$이 하나의 양의 근과 서로 다른 두 개의 음의 근을 갖도록 하는 p의 값의 범위를 구하라.

6. 다음 부등식이 성립함을 증명하라.
   (1) $x \geq 0$일 때, $x^3 + 2 > x^2 + x$
   (2) 모든 실수 x에 대하여, $4x^3 - 1 \leqq 3x^4$
   (3) n은 2이상의 자연수이고 $x \geq 0$일 때, $x^n - 1 \geq n(x - 1)$

7. 수직선 위를 운동하는 점 P의 시각 t에서의 위치 x가

$$x = 2t^3 - 15t^2$$

   일 때, $t=1$, $t=7$에서의 점 P의 속도와 속력을 각각 구하라.

8. 직선 궤도 위를 달리는 열차가 제동을 건 후 t초 동안 움직인 거리가 xm일 때, 다음 관계가 있다고 한다.

$$x = 26t - 0.65t^2$$

   (1) 제동을 건 후 10초 후의 속도와 가속도를 각각 구하라.
   (2) 제동을 건 후 정지할 때까지 걸린 시간을 구하라.

4 다항함수의 적분법

적분은 수학 뿐만 아니라 물리학, 통계학, 공학, 경제학 등에서 많이 응용되고 있다.
실제로 적분은 넓이, 부피, 일의 양, 확률 및 통계 등의 계산을 위하여 필수적인 도구이다.
이 장에서는 적분의 기본개념을 바탕으로 부정적분과 정적분의 기본성질을 공부하고, 특히 다항함수의 적분법에 대하여 알아본다.

4.1 부정적분의 정의와 성질

제 3 장에서 미분가능한 함수 $f(x)$에 대하여 그의 도함수 $f'(x)$를 대응시키는 연산을 공부하였다. 이 단원에서는 미분법의 역연산으로서 도함수가 주어져 있을 때 원래의 함수를 구하는 방법에 대하여 알아본다.

예를 들어, $f(x)=x^2$이 주어져 있을 때 미분하면 $2x$이므로 x^2의 도함수는 $2x$이고 기호로 다음과 같이 표시했었다.

$$f'(x) = 2x \text{ 또는 } \frac{d}{dx}(x^2) = 2x$$

이제 역으로 $f'(x)=2x$가 주어져 있을 때 $2x$를 도함수로 갖는 원래의 함수 $f(x)$를 구해보자. 곧 미분해서 $2x$가 되는 함수는 무엇인가? 임의의 상수를 미분하면 0이므로 x^2뿐만 아니라 x^2+1, x^2-3, $x^2+\pi$, $\cdots$ 들도 미분하면 모두 $2x$이다. 따라서 $2x$를 도함수로 갖는 원래의 함수 $f(x)$는 다음과 같이 나타남을 알 수 있다.

$$x^2 + C \ (C\text{는 임의의 상수})$$

일반적으로, 미분하여 $f(x)$가 되는 함수 곧

$$F'(x) = f(x)$$

를 만족하는 미분가능한 함수 $F(x)$를 $f(x)$의 **역도함수**(antiderivative) 또는 $f(x)$의 **부정적분**(indefinite integral)이라 하며(앞으로는 역도함수라는 용어대신에 부정적분이라는 용어를 쓰도록 한다) 기호로는

$$\int f(x)dx$$

로 나타낸다.

한편, $F(x)$가 $f(x)$의 부정적분일 때, 임의의 상수 C에 대하여

$$\{F(x) + C\}' = F'(x) = f(x)$$

이므로 $F(x)+C$도 $f(x)$의 부정적분이 된다. 또한 $f(x)$의 또다른 부정적분을 $G(x)$라 하면 곧,

$$G'(x) = f(x),\ F'(x) = f(x)$$

이므로

$$\{G(x) - F(x)\}' = G'(x) - F'(x) = f(x) - f(x) = 0$$

그런데 도함수가 0이되는 함수는 상수함수이므로, 이 함수를 C라 하면

$$G(x) - F(x) = C$$

즉,

$$G(x) = F(x) + C$$

이상으로부터 알 수 있듯이 $f(x)$의 부정적분 중의 하나를 $F(x)$라 하면 $f(x)$의 임의의 부정적분은 다음과 같은 꼴로 나타내어진다.

$$\int f(x)dx = F(x) + C \ (C\text{는 임의의 상수})$$

여기서 $f(x)$를 **피적분함수**, C를 **적분상수**, x를 **적분변수**라 한다. 또 $f(x)$의 부정적분을 구하는 것을 $f(x)$를 **적분한다**고 한다.

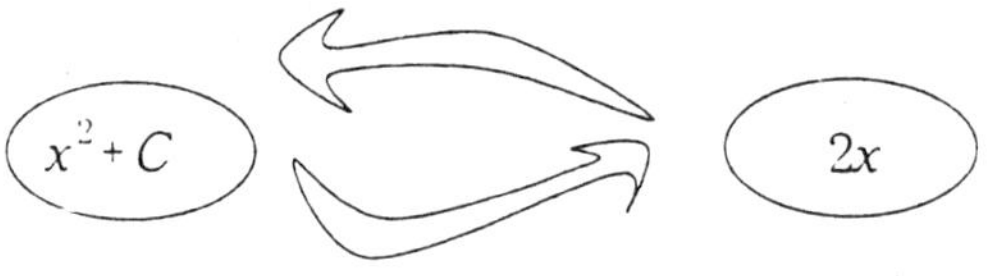

$$\boxed{F'(x) = f(x) \Leftrightarrow \int f(x)dx = F(x) + C}$$

(참고) $\int f(x)dx$에서 인테그럴(integral) 기호 $\int$는 "무엇을 미분하면 $f(x)$가 되는가?"를 의미한다.

예제 1 x^2+C를 미분하면 $2x$, x^3+C를 미분하면 $3x^2$, 또 $\frac{3}{2}x^4+C$를 미분하면 $6x^3$이므로 다음이 성립함을 쉽게 알 수 있다.

$$\int 2xdx = x^2+C$$

$$\int 3x^2dx = x^3+C$$

$$\int 6x^3dx = \frac{3}{2}x^4+C$$

이제, 임의의 다항함수(polynomial function)

$$(*) \quad f(x) = a_n x^n + a_{n-1}x^{n-1} + \cdots + a_1 x + a_0 \ (\text{단}, n = 0, 1, 2, \cdots)$$

의 부정적분을 알아보자(a_0, a_1, $\cdots$, a_n은 실수).

우선, n이 $n \neq -1$인 정수일 때

$$\frac{d}{dx}\left(\frac{1}{n+1}x^{n+1}\right) = x^n$$

이므로 x^n의 부정적분은 쉽게 구할 수 있다. 곧,

$$\int x^n dx = \frac{1}{n+1}x^{n+1} + C, \ (\text{단}, n \neq -1)$$

또, $F(x)$, $G(x)$를 각각 $f(x)$, $g(x)$의 부정적분 즉

$$F'(x) = f(x), \ G'(x) = g(x)$$

라 하면 임의의 상수 k에 대하여

$$\{kF(x)\}' = kF'(x) = kf(x),$$
$$\{F(x) \pm G(x)\}' = F'(x) \pm G'(x) = f(x) \pm g(x)$$

이므로 부정적분에 관한 다음 성질이 성립한다.

[정리 4.1] **(부정적분의 성질)** 두 함수 f와 g의 부정적분이 각각 존재하고 k가 상수이면 다음이 성립한다.

(1) $\int kf(x)dx = k\int f(x)dx$

(2) $\int [f(x) \pm g(x)]dx = \int f(x)dx \pm \int g(x)dx$ (단, 복부호동순)

따라서 부정적분의 성질과 x^n의 부정적분을 이용하면 ($*$)에 있는 다항함수 $f(x)$의 부정적분을 다음과 같이 쉽게 구할 수 있다.

$$\int f(x)dx = a_n\int x^n dx + a_{n-1}\int x^{n-1}dx + \cdots + a_1\int x\, dx + a_0\int 1\, dx$$

예제 2 다음 부정적분을 구하라.

$$I = \int (x^3 + 4x - 1)dx$$

풀이 $I = \int x^3 dx + 4\int x\,dx - \int 1\,dx$

$= \left(\dfrac{x^4}{4} + C_1\right) + 4\left(\dfrac{x^2}{2} + C_2\right) - (x + C_3)$

$= \dfrac{x^4}{4} + 2x^2 - x + C$ ◀

예제 3 다음 부정적분을 구하라.

(1) $I_1 = \int (x - 5)^2 dx$

(2) $I_2 = \int t^2(t - 3)dt$

풀이 (1) $I_1 = \int (x^2 - 10x + 25)dx = \dfrac{x^3}{3} - 5x^2 + 25x + C$

또는

$I_1 = \dfrac{(x-5)^3}{3} + C$

(2) $I_2 = \int (t^3 - 3t^2)dt = \dfrac{t^4}{4} - t^3 + C$ ◀

예제 4 다음을 구하라.

(1) $I_1 = \left(\int x\ dx\right)'$

(2) $I_2 = \dfrac{d}{dx}\int (3x^2 - 2x + 4)dx$

(3) $I_3 = \dfrac{d}{dx}\int f(x)dx$

풀이 (1) $I_1 = \left(\dfrac{x^2}{2} + C\right)' = x$

(2) $I_2 = \dfrac{d}{dx}\left(x^3 - x^2 + 4x + C\right)$

$= 3x^2 - 2x + 4$ ◀

(3) $I_3 = \dfrac{d}{dx}\left(F(x) + C\right)$ (단 $F'(x) = f(x)$)

$= F'(x)$

$= f(x)$

연습문제 (4.1)

※ 다음 다항함수의 부정적분을 구하라.

1. $\int x\,dx$
2. $\int 6x^2 dx$
3. $\int x^3 dx$
4. $\int \frac{3}{2}x^5 dx$
5. $\int 4x\,dx$
6. $\int (-3x^4) dx$
7. $\int \sqrt{2}x^{2004} dx$
8. $\int 24x^6 dx$
9. $\int (x - 2) dx$
10. $\int (3x + 5) dx$
11. $\int x(-3x + 7) dx$
12. $\int (-x)(3x - 2) dx$
13. $\int x(x + 2) dx$
14. $\int x(2x - 4) dx$
15. $\int (x^2 - 5x + 4) dx$
16. $\int (3x^4 - 2x + 1) dx$
17. $\int (3x^2 - 7x + 4) dx$
18. $\int (-5x^7 - 9) dx$
19. $\int (x^5 - 8x^4 + 3x^2 - 1) dx$
20. $\int (x - 5)^{10} dx$
21. $\int (3x - 2)^7 dx$
22. $\int (x^4 - 7x - 9) dx$
23. $\int (x^3 - \sqrt{2}x^2 - 7) dx$
24. $\int (x^9 - 2x^6 + x + 7) dx$
25. $\int (x - 1)(x + 2) dx$
26. $\int 5(x - 3)^4 dx$
27. $\int (4 - x)^3 dx$
28. $\int (2x - 1)^{2004} dx$
29. $\int x(x - 2)(x - 3) dx$
30. $\int (3x - 4)^7 dx$

4.2 정적분의 정의와 성질

함수 $y=f(x)\geq 0$가 구간 $[a, b]$에서 연속일 때, 이 함수의 그래프와 x축 및 $x=a$, $x=b$로 둘러싸인 부분의 넓이를 구하는 방법에 대하여 알아보자.

먼저 [그림 4-1]과 같이 $a=x_0 < x_1 < x_2 < \cdots < x_{n-1} < x_n=b$인 $(n+1)$개의 점 x_0, x_1, $\cdots$, x_n을 잡으면 구간 $[a, b]$를 n개의 소구간 $[x_{k-1}, x_k]$ $(k=1, 2, \ldots, n)$으로 나눌 수 있다. 이때, $P=\{x_0, x_1, \ldots, x_n\}$를 $[a, b]$의 **분할**(partitions)이라 한다. 이제 각 소구간 $[x_{k-1}, x_k]$에서 임의로 한 점 x_k^*를 선택하면 n개의 직사각형의 넓이의 합

$$\sum_{k=1}^{n} f(x_k^*)(x_k - x_{k-1}) \tag{1}$$

을 얻을 수 있다. 그리고 n개의 각 소구간 $[x_{k-1}, x_k]$의 길이가 최대인 것을 Δ로 표시하면 어떠한 소구간의 길이도 Δ보다 크지 않으므로 Δ가 작을수록 분할은 세분된다고 할 수 있다. 분할을 한없이 세분할 때 즉, $\Delta \to 0$ 일 때 (1)은 구하고자 하는 실제넓이에 가까울 것이다. 따라서 구하고자 하는 넓이는 근사적으로 다음과 같다.

$$\lim_{\Delta \to 0} \sum_{k=1}^{n} f(x_k^*)(x_k - x_{k-1}) \tag{2}$$

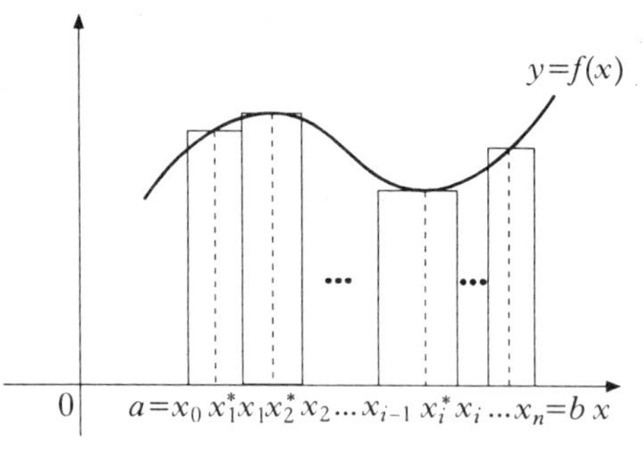

[그림 4-1]

이제, 이러한 넓이에 관한 논의를 더욱 일반화하여 적분의 개념을 소개한다.

f가 폐구간 $[a, b]$에서 정의된 함수이고 $\Delta \to 0$일 때 식 (2)가 어떤 일정한 값으로 수렴하면 f는 구간 $[a, b]$에서 **적분가능**(integrable)하다고 하고 그 극한을

$$\int_a^b f(x)dx \tag{3}$$

로 표시한다. 이때, 식 (3)을 $f(x)$의 a에서 b까지의 **정적분**(definite integral)이라 하고

a, b를 각각 이 정적분의 **하한, 상한**이라 한다. 또 $f(x)$를 **적분할 함수**(integrand), x를 **적분변수**라 한다. 곧 **정적분의 정의**는 다음과 같다.

$$\int_a^b f(x)dx = \lim_{\Delta\to 0} \sum_{k=1}^{n} f(x_k^*)(x_k - x_{k-1})$$

분할 P를 균등분할로 잡으면 정적분을 구할 때 편리한 경우가 많다. 폐구간 $[a, b]$의 n개의 각 소구간 $[x_{k-1}, x_k]$을 균등분할이 되도록 $x_k - x_{k-1} = \frac{b-a}{n}$ 로 잡으면 다음과 같다.

$$x_1 = x_0 + \frac{b-a}{n} = a + \frac{b-a}{n}$$

$$x_2 = x_1 + \frac{b-a}{n} = \left(a + \frac{b-a}{n}\right) + \frac{b-a}{n} = a + \frac{2(b-a)}{n}$$

$$\vdots$$

$$x_k = a + \frac{k(b-a)}{n}$$

이제 x_k^*를 x_k로 택하면 $\Delta = \frac{b-a}{n}$이므로 $\Delta \to 0$은 $n \to \infty$와 같다. 따라서 f가 적분가능하면 균등분할인 경우 정적분은 다음과 같이 구할 수 있다.

$$\begin{aligned}\int_a^b f(x)dx &= \lim_{\Delta\to 0} \sum_{k=1}^{n} f(x^*_k)(x_k - x_{k-1}) \\ &= \lim_{\Delta\to 0} \sum_{k=1}^{n} f(x_k)\frac{(b-a)}{n} \\ &= \lim_{n\to\infty} \frac{(b-a)}{n} \sum_{k=1}^{n} f\left(a + \frac{k(b-a)}{n}\right) \qquad (4)\end{aligned}$$

예제 1 다음 극한값을 정적분의 기호를 사용해서 나타내라.

$$L = \lim_{n\to\infty} \frac{1}{n}\left\{\left(\frac{1+n}{n}\right)^2 + \left(\frac{2+n}{n}\right)^2 + \cdots + \left(\frac{n+n}{n}\right)^2\right\}$$

풀이

$$\begin{aligned}L &= \lim_{n\to\infty} \frac{1}{n}\left\{\left(1 + \frac{1}{n}\right)^2 + \left(1 + \frac{2}{n}\right)^2 + \cdots + \left(1 + \frac{n}{n}\right)^2\right\} \\ &= \lim_{n\to\infty} \frac{1}{n} \sum_{k=1}^{n}\left(1 + \frac{k}{n}\right)^2 \\ &= \lim_{n\to\infty} \sum_{k=1}^{n}\left\{1 + \left(0 + \frac{k(1-0)}{n}\right)\right\}^2 \frac{(1-0)}{n} \\ &= \int_0^1 (1+x)^2 dx\end{aligned}$$

◀

예제 2 정적분의 정의에 의하여 다음 값을 구하라.

$$I = \int_0^2 x^2 dx$$

풀이 I는 $f(x)=x^2$의 $a=0$에서 $b=2$까지의 정적분이다. 구간 $[0, 2]$의 n개의 소구간 $[x_{i-1}, x_i](i=1, 2, \cdots, n)$을 균등분할이 되도록 잡으면 (4)로부터 다음을 얻는다.

$$\begin{aligned}\int_0^2 x^2 dx &= \lim_{n\to\infty} \frac{2-0}{n}\sum_{i=1}^{n} f\left(0 + \frac{i}{n}(2-0)\right)\\ &= \lim_{n\to\infty} \frac{2}{n}\sum_{i=1}^{n} f\left(\frac{2i}{n}\right)\\ &= \lim_{n\to\infty} \frac{2}{n}\left\{\left(\frac{2\cdot 1}{n}\right)^2 + \left(\frac{2\cdot 2}{n}\right)^2 + \cdots + \left(\frac{2\cdot n}{n}\right)^2\right\}\\ &= \lim_{n\to\infty} \frac{8}{n^3}(1^2 + 2^2 + \cdots + n^2)\\ &= \lim_{n\to\infty} \left(\frac{8}{n^3}\cdot\frac{n(n+1)(2n+1)}{6}\right)\\ &= \frac{8}{3}\end{aligned}$$

◀

다음은 정적분에 관한 몇 가지 기본 성질이다. 이것의 증명은 정적분의 정의로부터 쉽게 얻을 수 있다.

[정리 4.2] (정적분의 성질) 두 함수 f와 g가 적분가능하면 kf(단, k는 상수)와 $f\pm g$도 적분가능하고 다음이 성립한다.

(1) $\int_a^a f(x)dx = 0$

(2) $\int_a^b f(x)dx = -\int_b^a f(x)dx$

(3) $\int_a^b kf(x)dx = k\int_a^b f(x)dx$

(4) $\int_a^b \{f(x) \pm g(x)\}dx = \int_a^b f(x)dx \pm \int_a^b g(x)dx$ (단, 복부호동순)

(5) $\int_a^b f(x)dx = \int_a^c f(x)dx + \int_c^b f(x)dx$ (단, $a < c < b$)

연습문제 (4.2)

1. 다음에 주어진 각 함수는 구간 [1, 5]에서 정의된 함수이다. 이때, 구간 [1, 5]를 4개의 소구간으로 균등분할 할 때 주어진 함수 $f(x)$와 x_k^*에 대하여

$$A = \sum_{k=1}^{n} f(x_k^*)(x_k - x_{k-1})$$

를 각각 구하라.

(1) $f(x) = 5$; ① $x_k^* = x_{k-1}$ ② $x_k^* = x_k$ ③ $x_k^* = \dfrac{x_{k-1} + x_k}{2}$

④ 위의 각 x_k^*에 대한 A의 값을 비교하라.

(2) $f(x) = -3x$; ① $x_k^* = x_{k-1}$ ② $x_k^* = x_k$ ③ $x_k^* = \dfrac{x_{k-1} + x_k}{2}$

④ 위의 각 x_k^*에 대한 A의 값을 비교하라.

(3) $f(x) = x^3 + x$; ① $x_k^* = x_{k-1}$ ② $x_k^* = x_k$ ③ $x_k^* = \dfrac{x_{k-1} + x_k}{2}$

④ 위의 각 x_k^*에 대한 A의 값을 비교하라.

2. 다음 극한값을 정적분의 기호를 사용해서 나타내라.

(1) $\displaystyle\lim_{n\to\infty} \sum_{k=1}^{n} \frac{k}{n^2}$ (2) $\displaystyle\lim_{n\to\infty} \sum_{k=1}^{n} \frac{k^2}{n^3}$

(3) $\displaystyle\lim_{n\to\infty} \sum_{k=1}^{n} \left(1 + \frac{2k}{n}\right)^3 \frac{1}{n}$ (4) $\displaystyle\lim_{n\to\infty} \sum_{k=1}^{n} \left(3 + \frac{2k}{n}\right)^2 \frac{4}{n}$

3. 다음 정적분의 값을 극한을 이용하여 구하라.

(1) $\displaystyle\int_0^3 x\,dx$ (2) $\displaystyle\int_{-1}^1 x^2 dx$

(3) $\displaystyle\int_0^1 (x + 1)dx$ (4) $\displaystyle\int_0^2 (3x - 5)dx$

4.3 정적분의 계산

이 절에서는 정적분 $\int_a^b f(x)dx$의 값을 보다 쉽게 구하는 방법에 대하여 알아보자. 실제로 정적분의 정의로부터 극한을 이용하여 구하는 것은 매우 지루할 뿐만 아니라 함수를 좀 달리하면 그 값을 구하는 것이 불가능하기도 하다. 그래서 극한값을 계산하지 않고 정적분의 값을 구하는 방법을 소개하도록 한다. 그 아이디어는 부정적분과 정적분과의 관계로부터 나온다. 우선 미분과 정적분과의 관계를 알아보자.

[정리 4.3] (미분과 정적분의 관계) 함수 $f(x)$가 폐구간 $[a, b]$에서 연속이면 $a \leq x \leq b$인 모든 x에 대하여 a값에 관계없이 항상 다음이 성립한다.

$$\frac{d}{dx}\int_a^x f(t)dt = f(x)$$

증명 함수 $y=f(x)$가 구간 $[a, b]$에서 연속이고 $f(x) \geq 0$이라 하자. [그림 4-2]의 (1)과 같이 구간 $[a, x]$에서 곡선 $y=f(x)$와 x축 사이의 도형의 넓이를 $S(x)$라 하면 다음과 같다.

$$S(x) = \int_a^x f(t)dt$$

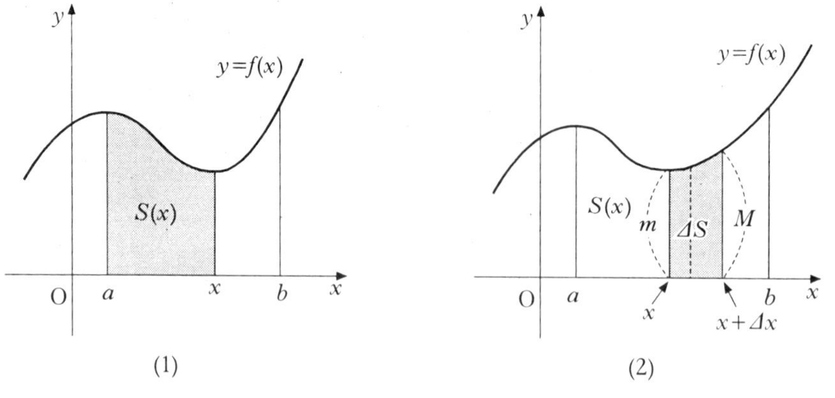

[그림 4-2]

이 때, x가 변하면 $S(x)$도 변하므로 $S(x)$는 x의 함수임을 알 수 있다. 그래서 [그림 4-2]의 (2)와 같이 x가 $x+\Delta x$까지 변하면 $S(x)$는 $S(x+\Delta x)$까지 변한다.

x의 증분 $\Delta x>0$에 대한 $S(x)$의 증분을 ΔS라 하면 다음과 같다.

$$\Delta S = S(x + \Delta x) - S(x)$$

이제 구간$[x, x+\Delta x]$에서의 $f(x)$의 최대값을 M, 최소값을 m이라고 하면

$$m \cdot \Delta x \le \Delta S \le M \cdot \Delta x$$

이므로

$$m \le \frac{\Delta S}{\Delta x} \le M$$

이 성립한다. 그런데 $\Delta x \to 0$이면 $m \to f(x)$, $M \to f(x)$이므로

$$f(x) \le \lim_{\Delta x \to 0} \frac{\Delta S}{\Delta x} \le f(x)$$

이다. 곧

$$\lim_{\Delta x \to 0} \frac{\Delta S}{\Delta x} = f(x)$$

도함수의 정의로부터

$$\lim_{\Delta x \to 0} \frac{\Delta S}{\Delta x} = \lim_{\Delta x \to 0} \frac{S(x + \Delta x) - S(x)}{\Delta x} = S'(x)$$

이므로 $S'(x)=f(x)$이다. 따라서 다음이 성립한다.

$$\frac{d}{dx} \int_a^x f(t)dt = f(x)$$

$f(x)<0$인 경우도 같은 방법으로 증명할 수 있다. ■

(참고) $\int_a^x f(t)dt$를 x에 대하여 미분하면 $f(x)$이므로 부정적분의 정의로부터 $\int_a^x f(t)dt$는 $f(x)$의 부정적분 중의 하나임을 알 수 있다.

예제 1 다음 함수를 x에 대하여 미분하라.

(1) $G_1(x) = \int_0^x (2t + 3)dt$

(2) $G_2(x) = \int_3^x (t^3 - 2t^2 + t - 7)dt$

풀이 (1) $G_1'(x) = 2x + 3$

(2) $G_2'(x) = x^3 - 2x^2 + x - 7$ ◀

예제 2 다음 함수들은 모두 $f(x) = x^3$의 부정적분인가?

$$\int_0^x t^3 dt, \quad \int_1^x t^3 dt, \quad \int_{-5}^x t^3 dt, \quad \frac{x^4}{4} + C$$

풀이 위의 함수를 x에 대하여 미분하면 모두 x^3이므로 x^3의 부정적분임이 틀림없다. ◀

미적분의 기본정리로 알려진 다음 정리는 부정적분을 이용하여 정적분을 보다 쉽게 계산하는 방법에 대하여 알려준다.

[정리 4.4] (미적분의 기본정리) 함수 $f(x)$가 구간 $[a, b]$에서 연속이고, $f(x)$의 한 부정적분이 $F(x)$이면 다음이 성립한다.

$$\int_a^b f(x)dx = F(b) - F(a)$$

증명 $F(x)$가 $f(x)$의 부정적분이고 또한 정리 4.3에 의하여

$$G(x) = \int_a^x f(t)dt$$

도 $f(x)$의 부정적분이므로 $F(x)=G(x)+C$ (C는 상수)이다. 그런데

$$G(a) = \int_a^a f(t)dt = 0$$

이므로 $F(a)=G(a)+C=C$ 이고, $F(x)=G(x)+F(a)$이다.
또한

$$G(b) = \int_a^b f(t)dt = \int_a^b f(x)dx$$

이고, $G(b)=F(b)-F(a)$ 이므로 다음이 성립한다.

$$\int_a^b f(x)dx = F(b)-F(a)$$ ■

(참고) $F(b)-F(a)$를 간단히 기호로 $[F(x)]_a^b$를 사용하도록 한다.

미적분학의 기본정리는 함수 $f(x)$가 구간 $[a, b]$에서 연속이면 정적분 $\int_a^b f(x)dx$의 값을 계산하는데 $f(x)$의 한 부정적분 $F(x)$만 알면 그 값을 쉽게 구할 수 있음을 의미한다.

예제 3 미적분의 기본정리를 이용하여 다음 정적분의 값을 구하고 4.2절의 [예제 2]에서 했던 방법과 비교해 보아라.

$$I = \int_0^2 x^2 dx$$

풀이 $f(x)=x^2$의 부정적분 중의 하나가

$$F(x) = \int x^2 dx = \frac{x^3}{3}$$

이므로 미적분의 기본정리에 의하여 I는 다음과 같이 쉽게 구해진다.

$$I = \int_0^2 x^2 dx = \left[\frac{x^3}{3}\right]_0^2 = \frac{2^3}{3} - \frac{0^3}{3} = \frac{8}{3}$$ ◀

예제 4 다음 정적분의 값을 구하라.

(1) $I_1 = \int_0^1 (2x^5 - 3x^2 + 4)dx$

(2) $I_2 = \int_1^3 (x - 3)^2 dx$

풀이 (1) $I_1 = \left[\frac{x^6}{3} - x^3 + 4x\right]_0^1 = \left(\frac{1}{3} - 1 + 4\right) - 0 = \frac{10}{3}$

(2) $I_2 = \left[\frac{(x - 3)^3}{3}\right]_1^3 = \frac{(3 - 3)^3}{3} - \frac{(1 - 3)^3}{3} = 0 - \frac{(-2)^3}{3} = \frac{8}{3}$ ◀

예제 5 다음 정적분의 값을 구하라.

$$I = \int_0^2 |x^2 - x| dx$$

풀이 (1) $f(x)=|x^2-x|$의 그래프를 오른쪽 그림에서 보듯이 다음과 같다.

$$|x^2 - x| = \begin{cases} -x^2 + x & (0 \le x \le 1) \\ x^2 - x & (x \le 0,\ x \ge 1) \end{cases}$$

$$\begin{aligned} \therefore I &= \int_0^2 |x^2 - x| dx \\ &= \int_0^1 (-x^2 + x)dx + \int_1^2 (x^2 - x)dx \\ &= \left[-\frac{x^3}{3} + \frac{x^2}{2}\right]_0^1 + \left[\frac{x^3}{3} - \frac{x^2}{2}\right]_1^2 \\ &= \left(-\frac{1}{3} + \frac{1}{2}\right) - 0 + \left(\frac{8}{3} - \frac{4}{2}\right) - \left(\frac{1}{3} - \frac{1}{2}\right) \\ &= 1 \end{aligned}$$ ◀

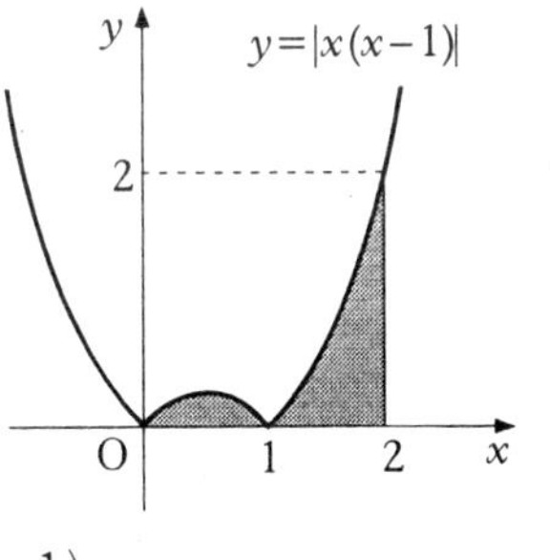

[그림 4-3]

연습문제 (4.3)

1. 다음 각 함수를 x에 대하여 미분하라.

(1) $\int_0^x (t-5)dt$ (2) $\int_{-1}^x (t^3-t^2+3t+1)dt$

(3) $\int_{2004}^x (t^2-5t+3)dt$ (4) $\int_x^0 (t^2+7)dt$

2. 다음 정적분의 값을 구하라.

(1) $\int_0^1 x^5dx$ (2) $\int_0^1 \frac{x^3}{4}dx$

(3) $\int_1^3 (x^2+4x-3)dx$ (4) $\int_{-1}^1 (x^4+x^3+x^2+x+1)dx$

(5) $\int_1^2 (x+1)(x^2-1)dx$ (6) $\int_0^1 (2x-1)^3dx$

(7) $\int_{-1}^1 |x^2-2x|dx$ (8) $\int_0^3 |x-1|dx$

(9) $\int_0^3 |x^2-4|dx$ (10) $\int_0^2 |x^2-1|dx$

3. 구간 $[a, b]$에서 연속인 두 함수 $f(x)$, $g(x)$에 대하여 $f(x) \leq g(x)$이면 다음이 성립함을 증명하라.

$$\int_a^b f(x)dx \leq \int_a^b g(x)dx$$

4. 함수 $f(x)$가 연속이고 함수 $g(x)$가 미분가능할 때, 다음이 성립함을 증명하라.

$$\frac{d}{dx}\int_a^{g(x)} f(t)dt = g'(x)f\{g(x)\}$$

4.4 정적분의 활용

이 절에서는 정적분을 활용하여 두 곡선으로 둘러싸인 도형의 넓이, 입체도형의 부피와 회전체의 부피, 어떤 직선 위를 움직이는 물체의 위치와 움직인 거리 등을 구하는 방법에 대하여 알아본다.

1 두 곡선으로 둘러싸인 도형의 넓이

4.2절에서 함수 $y=f(x)$가 구간 $[a, b]$에서 연속이고 $f(x)\geq 0$일 때, 곡선 $y=f(x)$와 x축 및 $x=a$, $x=b$로 둘러싸인 도형의 넓이 A는 다음 정적분으로 주어진다는 것을 배웠다.

$$A = \int_a^b f(x)dx$$

그런데 [그림 4-3]와 같이 함수 $y=f(x)$가 구간 $[a, b]$에서 연속이고 $f(x)\leq 0$일 때, 곡선 $y=f(x)$와 x축 및 $x=a$, $x=b$로 둘러싸인 도형의 넓이 A는 어떻게 구할까? 그 아이디어는 도형의 넓이는 그 도형을 대칭이동 또는 평행이동시켜도 변하지 않는다는 성질로부터 나온다.

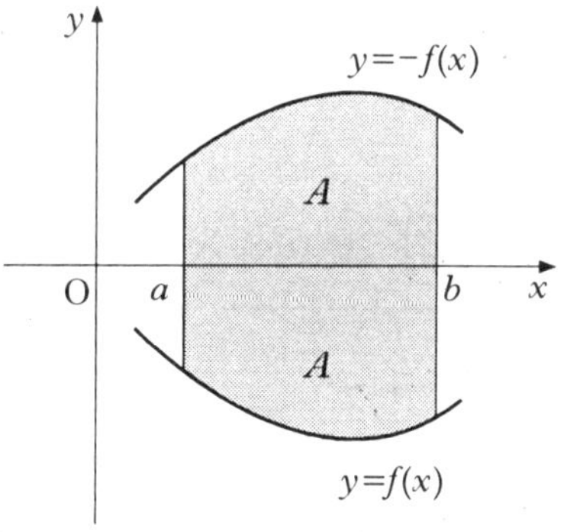

[그림 4-4]

따라서 이 도형의 넓이 A는 이 도형을 x축에 대하여 대칭이동시켜도 변하지 않는다. 즉 A는 x축에 대하여 대칭인 곡선 $y=-f(x)$와 x축 및 $x=a$, $x=b$로 둘러싸인 도형의 넓이와 같음을 알 수 있다. 곧

$$A = \int_a^b \{-f(x)\}dx$$

따라서 구간 $[a, b]$에서 $f(x)\geq 0$이든 $f(x)\leq 0$이든 관계없이 다음 정리가 성립한다.

[정리 4.5] **(곡선과 x축 사이의 넓이)** 구간 $[a, b]$에서 함수 $y=f(x)$가 연속일 때, 이 구간에서 곡선 $y=f(x)$와 x축으로 둘러싸인 도형의 넓이 A는 다음과 같다.

$$A = \int_a^b |f(x)|dx$$

예제 1 구간 $[0, 5]$에서 곡선 $y=x^2-2x-3$과 x축으로 둘러싸인 도형의 넓이 A를 구하라.

풀이 곡선 $y=x^2-2x-3=(x+1)(x-3)$은 오른쪽 그림과 같이 구간 $[0, 5]$에서 두 부분으로 나누어 진다.

$$\begin{aligned}\therefore A &= \int_0^5 |x^2-2x-3|dx \\ &= \int_0^3 -(x^2-2x-3)dx + \int_3^5 (x^2-2x-3)dx \\ &= \left[-\frac{x^3}{3}+x^2+3x\right]_0^3 + \left[\frac{x^3}{3}-x^2-3x\right]_3^5 \\ &= 9+\frac{32}{3} = \frac{59}{3}\end{aligned}$$

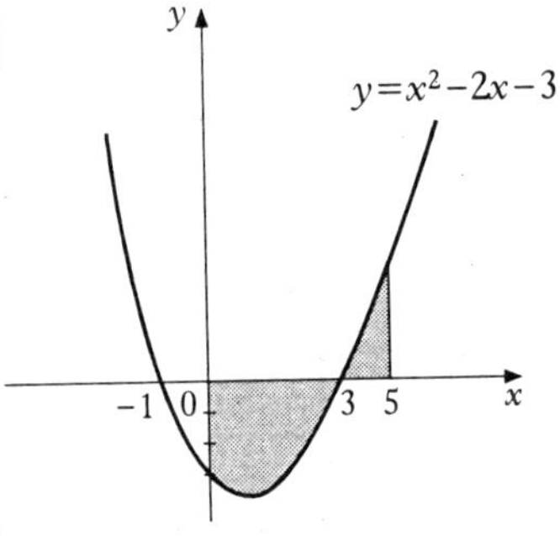

[그림 4-5]

◀

예제 2 곡선 $y=x(x+1)(x-2)$와 x축으로 둘러싸인 도형의 넓이 A를 구하라.

풀이 곡선 $y=x(x+1)(x-2)=x^3-x^2-2x$은 오른쪽 그림과 같이 두 부분으로 나누어 진다.

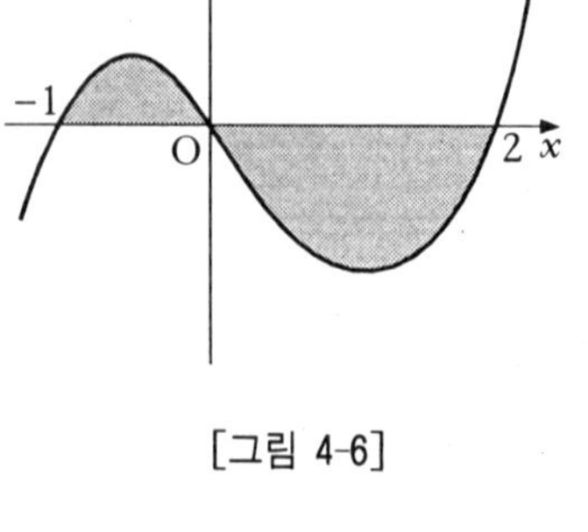

[그림 4-6]

$$\begin{aligned}\therefore A &= \int_{-1}^{2} |x^3 - x^2 - 2x| dx \\ &= \int_{-1}^{0} (x^3 - x^2 - 2x) dx \\ &\quad + \int_{0}^{2} - (x^3 - x^2 - 2x) dx \\ &= \left[\frac{x^4}{4} - \frac{x^3}{3} - x^2\right]_{-1}^{0} - \left[\frac{x^4}{4} - \frac{x^3}{3} - x^2\right]_{0}^{2} \\ &= \frac{5}{12} + \frac{8}{3} = \frac{37}{12}\end{aligned}$$

◀

이제, 구간 $[a, b]$에서 $f(x) \geq g(x)$인 두 연속인 곡선 $y=f(x)$, $y=g(x)$로 둘러싸인 도형의 넓이 A를 구하여 보자.

(i) 구간 $[a, b]$에서 모든 x에 대하여 $g(x) \geq 0$ 일 때 : 구하는 넓이 A는 곡선 $y=f(x)$와 x축으로 둘러싸인 도형의 넓이에서 곡선 $y=g(x)$와 x축으로 둘러싸인 도형의 넓이를 뺀것과 같다. 따라서

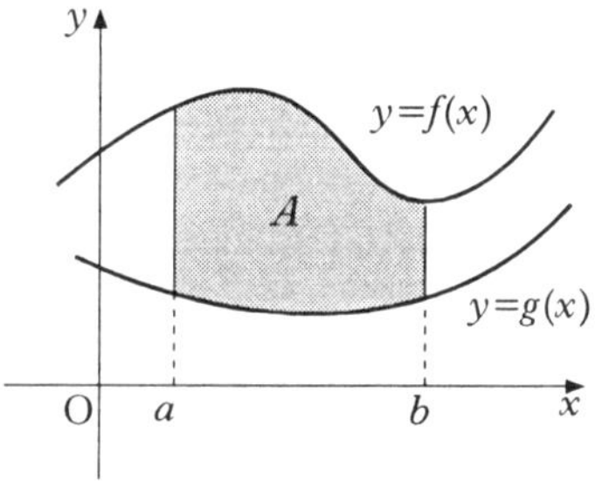

[그림 4-7]

$$\begin{aligned}A &= \int_a^b f(x)dx - \int_a^b g(x)dx \\ &= \int_a^b \{f(x) - g(x)\}dx\end{aligned}$$

(ii) 구간 $[a, b]$에서 $g(x) \leq 0$인 x가 존재할 때 : 이 구간에서 $y=g(x)$의 최소값을 $-k$라 하자. 이 때 두 곡선 $y=f(x)$, $y=g(x)$를 모두 y축 방향으로 k만큼 평행이동시키면 두 곡선으로 둘러싸인 도형의 넓이는 변하지 않는다. 특히 구간 $[a, b]$에서 모든 x에 대하여 $f(x)+k \geq g(x)+k \geq 0$ 이므로 구하는 넓이 A는 (i)의 경우와 같다. 곧

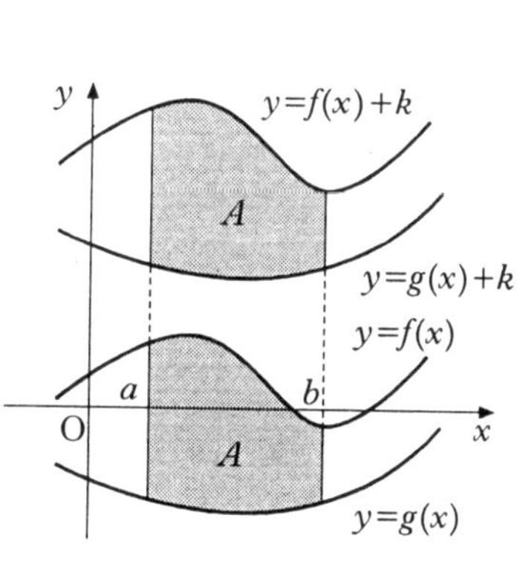

[그림 4-8]

$$\begin{aligned}A &= \int_a^b (f(x)+k)dx - \int_a^b (g(x)+k)dx \\ &= \int_a^b \{f(x)-g(x)\}dx\end{aligned}$$

따라서 구간 $[a, b]$에서 $f(x) \ge g(x)$일 때, $g(x) \ge 0$ 이든 $g(x) \le 0$이든 관계없이 다음정리가 성립한다.

> **[정리 4.6]** **(두 곡선 사이의 넓이)** 구간 $[a, b]$에서 $f(x) \ge g(x)$일 때, 두 곡선 $y=f(x)$, $y=g(x)$와 두 직선 $x=a$, $x=b$로 둘러싸인 도형의 넓이 A는 다음과 같다.
>
> $$A = \int_a^b \{f(x) - g(x)\}dx$$

예제 3 포물선 $y=x^2-3x$와 직선 $y=2x-4$로 둘러싸인 도형의 넓이 A를 구하라.

풀이 포물선과 직선의 교점의 x좌표는

$$x^2 - 3x = 2x - 4$$

의 근이므로 $x=1$, $x=4$이다.

구간 $[1, 4]$에서는 직선이 포물선 위에 있으므로 다음과 같다.

$$2x - 4 \ge x^2 - 3x$$

$$\therefore A = \int_1^4 \{(2x-4) - (x^2-3x)\}dx$$

$$= \int_1^4 (-x^2 + 5x - 4)dx$$

$$= \left[-\frac{x^3}{3} + \frac{5}{2}x^2 - 4x\right]_1^4 = \frac{9}{2}$$ ◀

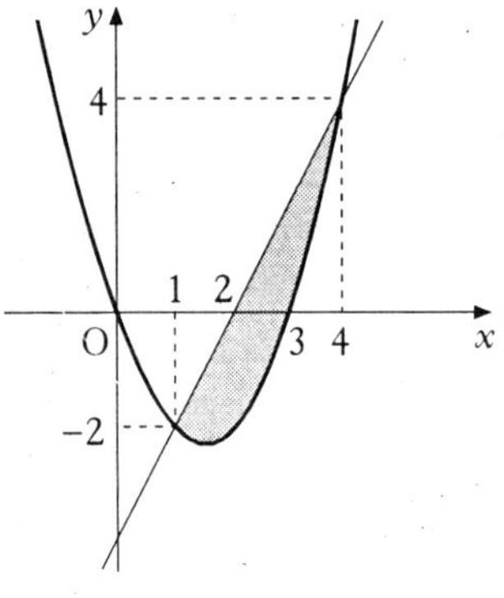

[그림 4-9]

어떤 경우는 x가 y의 함수로 주어진다. 이 경우도 두 곡선으로 둘러싸인 도형의 넓이를 앞의 경우와 같은 방법으로 다음과 같이 구할 수 있다.

오른쪽 그림과 같이 y구간 $[c, d]$에서 $f(y) \ge g(y)$일 때, 두 곡선

$$x = f(y), \ x = g(y)$$

와 두 직선 $y=c$, $y=d$로 둘러싸인 도형의 넓이 A는 다음과 같이 나타내어진다.

$$A = \int_c^d \{f(y) - g(y)\}dy$$

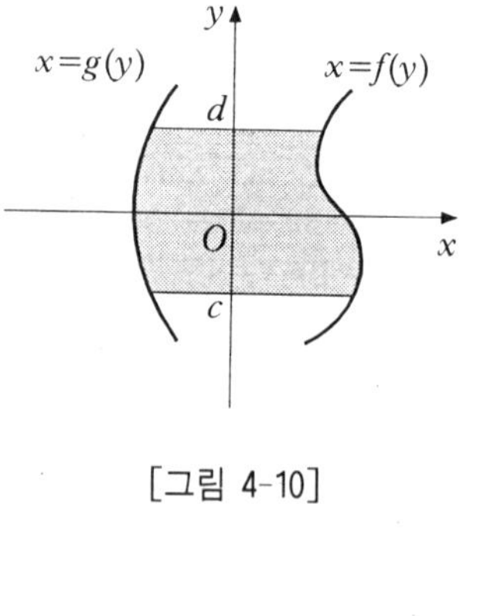

[그림 4-10]

예제 4 곡선 $x=y^2$과 직선 $x=y$로 둘러싸인 도형의 넓이 A를 구하라.

풀이 곡선과 직선의 교점의 y좌표는

$$y^2 = y$$

의 근이므로 $y=0$, $y=1$이다.
y구간 $[0, 1]$에서는 직선이 곡선위에 있으므로 다음과 같다.

$$y \geq y^2$$

$$\therefore A = \int_0^1 (y - y^2)dy$$

$$= \left[\frac{y^2}{2} - \frac{y^3}{3}\right]_0^1 = \frac{1}{6}$$ ◀

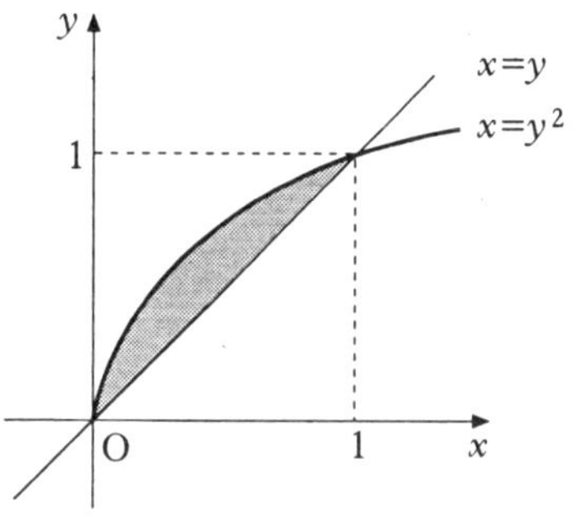

[그림 4-11]

2 입체도형의 부피와 회전체의 부피

입체도형의 부피를 구하는 데에도 정적분이 이용된다.

[그림 4-12]와 같이 x축위의 좌표가 각각 a, b인 두 점을 지나고 x축에 수직인 두 평면 사이에 있는 부분의 부피 V를 구하여 보자.

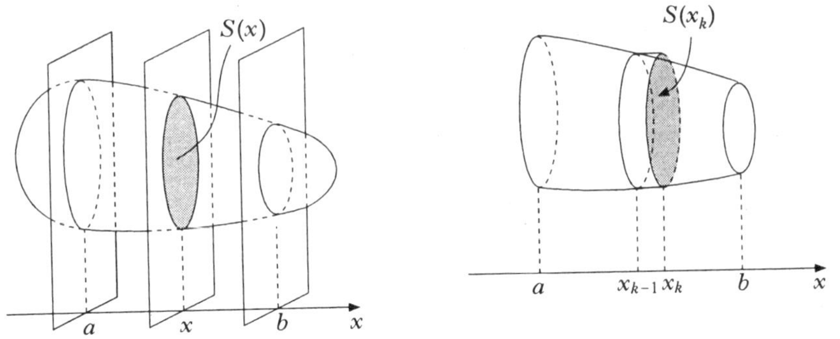

[그림 4-12]

구간 $[a, b]$를 n 등분하여

$$a = x_0 < x_1 < x_2 < \cdots < x_{n-1} < x_n = b$$

인 $(n+1)$개의 점 $x_0, x_1, \cdots, x_n$을 잡고, 각 점 x_k에서 x축에 수직인 평면으로 입체도형을 자르자. 세분된 각 부분은 한쪽 단면의 넓이가 $S(x_k)$이고 높이가 $\Delta x_k = x_k - x_{k-1}$인 기둥꼴로 근사된다. 이때, n개의 기둥의 부피의 합을 V_n이라 하면

$$V_n = S(x_1)\Delta x_1 + S(x_2)\Delta x_2 + \cdots + S(x_n)\Delta x_n$$
$$= \sum_{k=1}^{n} S(x_k)\Delta x_k$$

로 주어진다. $n \to \infty$ 일 때 $\Delta x_k \to 0$이므로 V_n은 $\int_a^b S(x)dx$로 수렴한다. 여기서 $S(x)$는 점 $x \in (a, b)$에서 x축에 수직인 평면으로 입체도형을 자른 단면의 넓이이다. 따라서 입체도형의 부피는 다음과 같다.

$$\int_a^b S(x)dx$$

[정리 4.7] (입체도형의 부피) 공간에서 어떤 입체도형이 x축위의 점 $a, b(a<b)$에서 x축에 수직인 두 평면 사이에 있다고 하자. 구간 $[a, b]$의 임의의 점 x에서 x축에 수직인 평면으로 입체를 잘랐을 때 단면의 넓이를 $S(x)$라고 하면 이 입체도형의 부피 V는 다음과 같다.

$$V = \int_a^b S(x)dx$$

예제 5 반지름의 길이가 a이고 높이가 h인 원기둥의 부피 V를 정적분으로 구하라.

풀이 먼저 [그림 4-13]과 같이 좌표공간에서 원기둥의 밑면이 x축과 수직이 되도록 눕혀서 놓자.

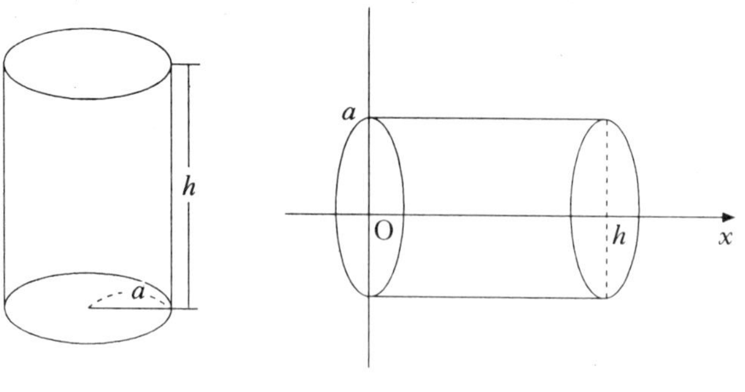

[그림 4-13]

이제, 구간 $[0, h]$의 임의의 점 x에서 x축에 수직인 평면으로 입체를 잘랐을 때 생기는 단면의 넓이 $S(x)$를 구하여보자. 이 경우 단면은 x에 관계없이 항상 반지름의 길이가 a인 원이므로 단면의 넓이는 다음과 같다.

$$\begin{aligned} S(x) &= \pi a^2 \\ \therefore\ V &= \int_0^h S(x)dx \\ &= \int_0^h \pi a^2 dx = \pi a^2 \int_0^h 1\, dx = \pi a^2 [x]_0^h \\ &= \pi a^2 h \end{aligned}$$

◀

이제, 그림 [4-14]과 같이 구간 $[a, b]$에서 곡선 $y=f(x)$를 x축의 둘레로 회전시킬 때 생기는 회전체의 부피를 구하여 보자.

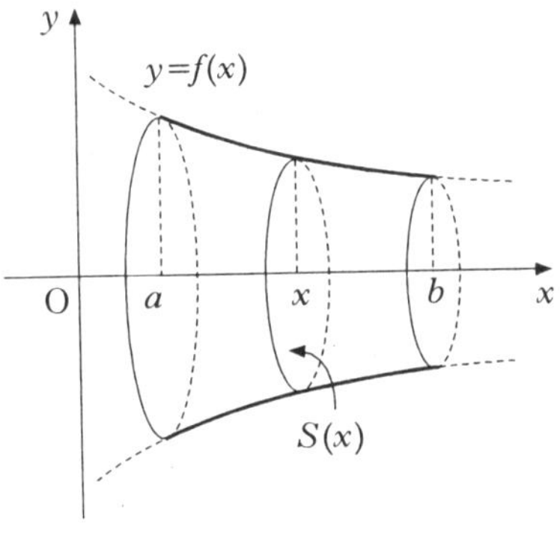

[그림 4-14]

이 경우도 구간 $[a, b]$의 임의의 점 x에서 x축에 수직인 평면으로 회전체를 잘랐을 때 생기는 단면의 넓이 $S(x)$를 구하면 [정리 4.7]로부터 이 회전체의 부피를 구할 수 있다. 그런데 점 x에서 x축에 수직인 평면으로 회전체를 자르면 단면은 항상 반지름의 길이가 $|f(x)|$인 원이므로 단면의 넓이는 다음과 같다.

$$S(x) = \pi\{f(x)\}^2$$

따라서 다음 정리를 얻는다.

> **[정리 4.8]** **(회전체의 부피)** 구간 $[a, b]$에서 함수 $y=f(x)$가 연속일 때, 곡선 $y=f(x)$와 x축 및 두 직선 $x=a$, $x=b$로 둘러싸인 도형을 x축의 둘레로 회전시킬 때 생기는 회전체의 부피 V는 다음과 같다.
>
> $$V = \pi\int_a^b \{f(x)\}^2 dx = \pi\int_a^b y^2 dx$$

예제 6 구간 [0, 1]에서 포물선 $y=x^2$을 x축의 둘레로 회전시킬 때 생기는 회전체의 부피 V를 구하라.

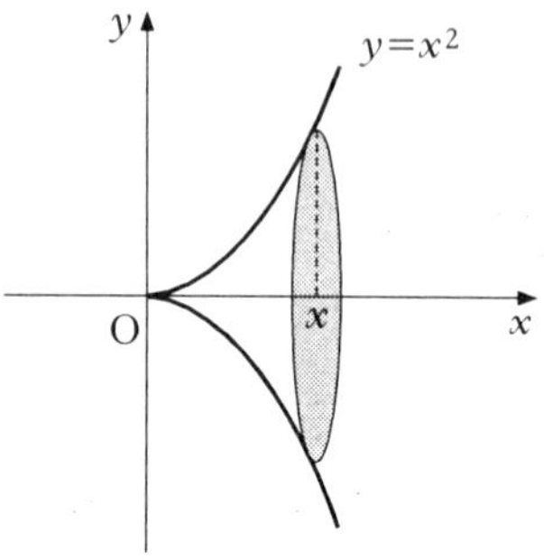

[그림 4-15]

풀이 [정리 4.8]를 이용하면 다음과 같이 쉽게 구할 수 있다.

$$\begin{aligned} V &= \pi\int_0^1 y^2 dx \\ &= \pi\int_0^1 x^4 dx \\ &= \pi\left[\frac{x^5}{5}\right]_0^1 = \frac{\pi}{5} \end{aligned}$$ ◀

예제 7 반지름의 길이가 a인 구의 부피 V를 구하라.

풀이 구는 일종의 회전체이므로 [정리 4.8]의 회전체의 부피를 구하는 식을 이용하여 풀 수 있다. 먼저 반지름의 길이가 a인 구는 어떤 함수를 x축의 둘레로 회전시킬 때 생기는 회전체일까?
이 구는 오른쪽 그림과 같이 반원

$$y = \sqrt{a^2 - x^2}$$

과 x축으로 둘러싸인 도형을 x축의 둘레로 회전시킬 때 생긴다.

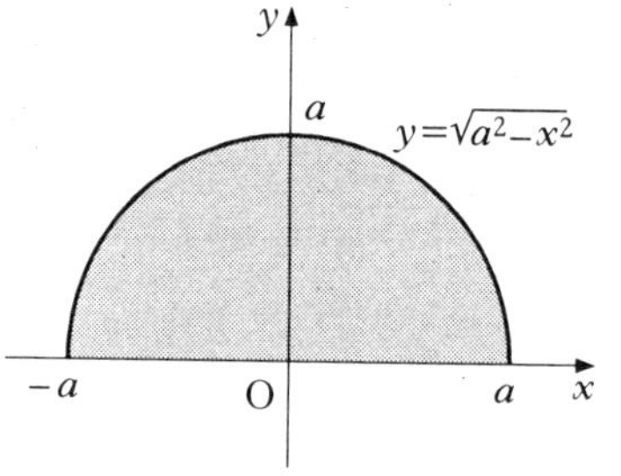

[그림 4-16]

$$\begin{aligned} \therefore V &= \pi\int_{-a}^{a} y^2 dx \\ &= \pi\int_{-a}^{a} (a^2 - x^2) dx \\ &= \pi\left[a^2x - \frac{x^3}{3}\right]_{-a}^{a} = \frac{4}{3}\pi a^3 \end{aligned}$$ ◀

3 움직이는 점의 위치와 움직인 거리

직선 위를 움직이는 점 P의 시각 t에서의 위치를 나타내는 좌표를 $x=s(t)$, 또 그 때의 속도를 $v(t)$라고 하자. 그러면

$$v(t) = \frac{dx}{dt} = s(t)$$

이므로 $s(t)$는 $v(t)$의 한 부정적분이다. 곧

$$s(t) = \int v(t) dt$$

이때, 시각 α에서의 점 P의 위치를 x_0 곧 $x_0=s(\alpha)$라 하면 시각 t에서의 점 P의 위치 $s(t)$는 다음과 같이 얻어진다.

$$\int_{\alpha}^{t} v(t)dt = [s(t)]_{\alpha}^{t} = s(t) - s(\alpha) = s(t) - x_0$$
$$\therefore\ s(t) = x_0 + \int_{\alpha}^{t} v(t)dt$$

한편, 점 P가 시각 α에서 β까지 움직인 거리는 움직이는 방향과는 관계가 없고 $\alpha \le t \le \beta$인 각 시각 t에서의 속력 $|v(t)|$에만 관계가 있으므로 점 P가 움직인 거리 L은 다음과 같이 주어진다.

$$L = \int_{\alpha}^{\beta} |v(t)|dt$$

따라서 다음 정리를 얻는다.

[정리 4.9] (움직이는 점의 위치와 움직인 거리) 직선 위를 움직이는 어떤 물체 P의 시각 t에서의 위치를 $x=s(t)$라 하고 속도를 $v(t)$라 하자.

(1) 시각 $t=\alpha$에서의 P의 위치가 $x_0=s(\alpha)$일 때 $t=\beta$에서의 P의 위치 $s(\beta)$:

$$s(\beta) = x_0 + \int_{\alpha}^{\beta} v(t)dt$$

(2) 시각 $t=\alpha$에서 $t=\beta$까지 움직인 거리 :

$$L = \int_{\alpha}^{\beta} |v(t)|dt$$

예제 8 원점에서 출발하여 수직선 위를 움직이는 점 P의 시각 t에서의 속도가 $v(t)=t^2-5t+4$ 일 때, 다음을 구하라.

(1) 출발하여 4초 후의 점 P의 위치

(2) 출발한 후 4초 동안 점 P가 움직인 거리

풀이 (1) 점 P가 원점에서 출발했으므로 $x_0=S(0)=0$이다. 따라서 점 P가 출발하여 4초 후의 위치 $s(4)$는 다음과 같다.

$$x = s(4) = 0 + \int_{0}^{4} v(t)dt = \int_{0}^{4} (t^2 - 5t + 4)dt$$
$$= \left[\frac{t^3}{3} - \frac{5t^2}{2} + 4t\right]_0^4 = -\frac{8}{3}$$

(2) 점 P가 원점에서 출발하여 4초 동안 움직인 거리 L은 다음과 같다.

$$\begin{aligned} L &= \int_0^4 |t^2 - 5t + 4|\, dt \\ &= \int_0^1 (t^2 - 5t + 4)dt + \int_1^4 (-t^2 + 5t - 4)dt \\ &= \left[\frac{t^3}{3} - \frac{5t^2}{2} + 4t\right]_0^1 + \left[-\frac{t^3}{3} + \frac{5t^2}{2} - 4t\right]_1^4 \\ &= \frac{19}{3} \end{aligned}$$

◀

예제 9 지상 10m의 높이에서 어떤 물체를 처음 속도 20m/sec로 수직으로 던져 올릴 때 공기의 저항을 무시하면 t초 후의 속도가 $v(t)=20-10t$라고 한다. 이 때 던지고 나서 3초 후에 이 물체는 지면으로부터 얼마의 높이에 있겠는가? 또 이 물체는 몇 초 후에 최고의 높이에 도달하겠는가?

풀이 (1) t초 후의 물체의 높이를 $h(t)$라고 하자. 그러면

$$\begin{aligned} h(t) &= h(0) + \int_0^t v(t)dt \\ &= 10 + \int_0^t (20 - 10t)dt \\ &= 10 + [20t - 5t^2]_0^t = 10 + 20t - 5t^2 \end{aligned}$$

$$\therefore\ h(3)=10+20\cdot 3-5\cdot 3^2=25\text{m}$$

(2) $v(t)=20-10t=0$이므로 $t=2$ 일 때 이 물체는 최고의 높이에 도달한다. ◀

연습문제 (4.4)

1. 다음에 주어진 두 곡선으로 둘러싸인 도형의 넓이를 구하라.
   (1) $y = x^2,\ y = x$
   (2) $y = x^2 - 1,\ y = -x^2 + 2x + 3$
   (3) $y^2 = x,\ y = x - 2$
   (4) $y = (x + 1)(x - 1)(x - 2),\ y = 0$

2. 다음에 주어진 두 곡선으로 둘러싸인 도형을 x축으로 회전시킬 때 생기는 회전체의 부피를 구하라.
   (1) $y = 3 - x^2,\ y = 2$
   (2) $y = x^2 + 1,\ y = -x + 3$
   (3) $y = x^2,\ y = 2 - x^2$
   (4) $y = 4 - x^2,\ y = 2 - x$

3. 어떤 물체 A를 지면에서 수직으로 던져 올릴 때 공기의 저항을 무시하면 t초 후의 속도가 $v(t)=60-10t$ 라고 한다. 이때, 다음을 구하라.
   (1) t초 후의 물체 A의 높이
   (2) 물체 A가 가장 높이 올라갔을 때의 높이
   (3) 처음 10초 동안에 물체 A가 움직인 거리

4. 구간 $[a, b]$에서 함수 $x=g(y)$가 연속일 때, 곡선 $x=g(y)$와 y축 및 두 직선 $y=a$, $y=b$로 둘러싸인 도형을 y축의 둘레로 회전시킬 때 생기는 회전체의 부피 V는 다음과 같음을 증명하라.

$$V = \pi\int_a^b \{g(y)\}^2 dy = \pi\int_a^b x^2 dy$$

5. 다음에 주어진 두 곡선으로 둘러싸인 도형을 y축으로 회전시킬 때 생기는 회전체의 부피를 구하라.
   (1) $y = 1 - x^2,\ y = 0$
   (2) $y = x^2,\ y = x$

5 여러 가지 미분법

병원에서 수술하지 않고 신체의 내부를 볼 수 있도록 해주는 검사 장치인 MRI는 병의 치료에 큰 도움이 된다. 그러나 의사는 MRI 사진을 보고 상처와 같은 비정상적인 부분을 찾아내기 위해서 많은 경험과 훈련이 필요하다. MRI 사진은 많은 수학적인 계산을 통하여 신체의 내부를 그래프로 그린 결과이며 훌륭한 의사는 이러한 그래프의 특징을 정확하게 알아낸다.
이 장에서는 다항함수가 아닌 여러 가지 함수를 소개하고, 이러한 함수들의 도함수를 구한다. 복잡한 함수들을 미분하기 위해 필요한 몫의 미분법, 합성함수의 미분법, 음함수의 미분법, 역함수의 미분법 등 여러 가지 미분법을 다룬다.

5.1 몫의 미분법

분모와 분자가 모두 다항함수인 분수 형태로 주어진 함수를 유리함수라고 부른다. 예를 들면, 다음과 같은 함수들은 **유리함수**이다.

$$\frac{1}{x}$$

$$\frac{3x + \sqrt{3}}{2x^3 + 4x - 44}$$

$$\frac{1}{x^n}(\text{단, } n\text{은 자연수})$$

분모가 상수함수인 유리함수는 다항함수가 되므로 다항함수도 유리함수이다.

여기서는 유리함수와 같이 두 함수의 나눗셈으로 이루어진 함수의 도함수를 구하는 방법인 **몫의 미분법**에 대하여 알아보자.

[정리 5.1]　(몫의 미분법)

두 함수 f, g가 미분가능하면 $\frac{f}{g}$(단, $g(x) \neq 0$)도 미분가능하고, 다음이 성립한다.

$$\left(\frac{f}{g}\right)'(x) = \frac{f'(x)g(x) - f(x)g'(x)}{[g(x)]^2}$$

증명　먼저 $\left(\frac{1}{g}\right)'(x)$를 구해 보자.

$$\begin{aligned}
\left(\frac{1}{g}\right)'(x) &= \lim_{h\to 0}\frac{\left(\frac{1}{g}\right)(x + h) - \left(\frac{1}{g}\right)(x)}{h} \\
&= \lim_{h\to 0}\frac{\frac{1}{g(x + h)} - \frac{1}{g(x)}}{h} \\
&= \lim_{h\to 0}\frac{1}{h}\cdot\frac{g(x) - g(x + h)}{g(x + h)g(x)} \\
&= \lim_{h\to 0}\left[\frac{-1}{g(x + h)g(x)}\cdot\frac{g(x + h) - g(x)}{h}\right] \\
&= \frac{-1}{\lim_{h\to 0}g(x + h)g(x)}\cdot\lim_{h\to 0}\frac{g(x + h)-g(x)}{h}
\end{aligned}$$

$$= \frac{-1}{[g(x)]^2} \cdot g'(x)$$

따라서 곱의 미분법에 의하여

$$\left(\frac{f}{g}\right)'(x) = \left(f \cdot \frac{1}{g}\right)'(x) = f'(x)\left(\frac{1}{g}\right)(x) + f(x)\left(\frac{1}{g}\right)'(x)$$

$$= \frac{f'(x)}{g(x)} + f(x)\frac{-g'(x)}{[g(x)]^2}$$

$$= \frac{f'(x)g(x) - f(x)g'(x)}{[g(x)]^2}$$ ■

예제 1 다음 유리함수를 미분하라.

(1) $y = \dfrac{x-3}{x+1}$　　　　(2) $y = \dfrac{x^2+2x-21}{x-3}$

풀이 (1) 몫의 미분법에 의하여,

$$y' = \frac{(x-3)'(x+1) - (x-3)(x+1)'}{(x+1)^2}$$

$$= \frac{1 \cdot (x+1) - (x-3) \cdot 1}{(x+1)^2}$$

$$= \frac{4}{(x+1)^2}$$

(2) 몫의 미분법에 의하여,

$$y' = \frac{(x^2+2x-21)'(x-3) - (x^2+2x-21)(x-3)'}{(x-3)^2}$$

$$= \frac{(2x+2)(x-3) - (x^2+2x-21) \cdot 1}{(x-3)^2}$$

$$= \frac{2x^2-4x-6-x^2-2x+21}{(x-3)^2}$$

$$= \frac{x^2-6x+15}{(x-3)^2}$$ ◀

우리는 이미 n이 자연수일 때, $(x^n)'=nx^{n-1}$임을 알고 있다. 몫의 미분법을 이용하면 n이 음의 정수일 때 함수 x^n의 도함수를 구할 수 있다.

[정리 5.2] 음의 정수 n에 대하여, 다음이 성립한다.

$$(x^n)' = nx^{n-1}$$

증명 $m=-n$이라 하면 m은 자연수이므로 $(x^m)'=mx^{m-1}$이다.

따라서 $x^n=x^{-m}=\dfrac{1}{x^m}$이므로 몫의 미분법에 의하여, 다음을 얻는다.

$$(x^n)' = \left(\frac{1}{x^m}\right)' = \frac{-(x^m)'}{(x^m)^2} = \frac{-mx^{m-1}}{(x^m)^2}$$
$$= -mx^{-m-1} = nx^{n-1}$$ ■

예제 2 다음 함수를 미분하라.

(1) $y = \dfrac{1}{x^{10}}$ (2) $y = \dfrac{1-x+x^2}{x}$

풀이 (1) $y' = (x^{-10})' = -10x^{-11} = -\dfrac{10}{x^{11}}$

(2) $y' = \left(\dfrac{1}{x} - 1 + x\right)' = -\dfrac{1}{x^2} + 1$ ◀

이제, 몫의 미분법을 이용하여 유리함수의 증가하는 구간과 감소하는 구간, 그리고 극점을 구하고 그래프의 개형을 그려보자.

예제 3 함수 $f(x)=\dfrac{18(x+1)}{x^2+3}$의 증가하는 구간과 감소하는 구간을 찾고 극점을 모두 구하라. 또 그 그래프를 그려라.

풀이 모든 실수 x에 대하여 $x^2+3>0$, 즉, 유리함수 $f(x)$의 분모는 항상 양수이므로 함수 $f(x)$는 모든 실수에서 정의된다.

몫의 미분법에 의하여 함수 $f(x)$를 미분하면,

$$f'(x) = \frac{18\cdot(x^2+3) - 18(x+1)(2x)}{(x^2+3)^2} = \frac{-18(x+3)(x-1)}{(x^2+3)^2}$$

$f'(x)=0$에서 $x=-3$ 또는 1이므로 함수 $f(x)$의 증가와 감소를 나타내는 표는 다음과 같다.

x	$\cdots$	-3	$\cdots$	1	$\cdots$
$f'(x)$	$-$	0	$+$	0	$-$
$f(x)$	↘	-3 극소값	↗	9 극대값	↘

따라서, 함수 $f(x)$가 증가하는 구간은 $(-3, 1)$이고, 감소하는 구간은 $(-\infty, -3)\cup(1, \infty)$이다. 또한 함수 $f(x)$의 극소점은 $(-3, -3)$이고, 극대점은 $(1, 9)$이다. 이제, 함수 $f(x)$의 그래프의 개형을 그리기 위하여 극한을 조사해 보자.

$$\lim_{x\to-\infty}\frac{18(x+1)}{x^2+3}=0,\quad \lim_{x\to\infty}\frac{18(x+1)}{x^2+3}=0$$

이므로 x가 한없이 커지거나 한없이 작아질 때 함수 $f(x)$의 그래프는 한없이 x축에 가까워짐을 알 수 있다.

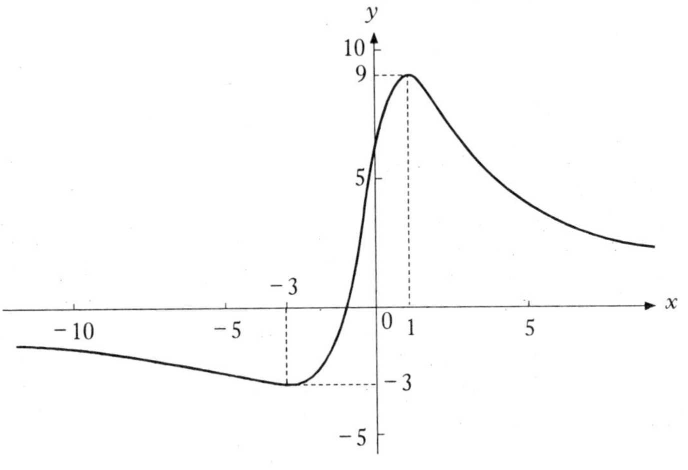

[그림 5-1] ◀

예제 3에서와 같이 함수의 그래프가 한 직선에 한없이 가까이 갈 때, 이 직선을 **점근선**(asymptote)이라고 부른다. 특히 점근선이 x축과 평행할 때 **수평 점근선**(horizontal asymptote)이라 하고, y축과 평행할 때 **수직 점근선**(vertical asymptote)이라 한다.

예제 4 함수 $f(x)=\dfrac{x^2}{4(x-2)}$이 증가하는 구간과 감소하는 구간을 찾고, 극점을 모두 구하라. 또, 그 그래프의 개형을 그려라.

풀이 $x=2$일 때, 함수 $f(x)$의 분모가 0이므로 함수 $f(x)$는 정의되지 않는다. 따라서 함수 $f(x)$는 $x=2$에서 불연속이다. 그러므로 $x<2$일 때와 $x>2$일 때의 그래프를 따로 그려야 한다.

이제, 함수 $f(x)$를 미분하여 보자. 몫의 미분법에 의하여,

$$f'(x) = \frac{1}{4}\frac{(2x)(x-2)-(x^2)\cdot 1}{(x-2)^2} = \frac{2x^2-4x-x^2}{4(x-2)^2} = \frac{x(x-4)}{4(x-2)^2}$$

$f'(x)=0$에서 $x=0$ 또는 4이므로, 함수 $f(x)$의 증가와 감소를 나타내는 표는 다음과 같다.

x	$\cdots$	0	$\cdots$	$\cdots$	4	$\cdots$
$f'(x)$	+	0	−	−	0	+
$f(x)$	↗	0 극대값	↘	↘	2 극소값	↗

$x=2$

따라서, 함수 $f(x)$가 증가하는 구간은 $(-\infty, 0)\cup(4, \infty)$이고 감소하는 구간은 $(0, 2)\cup(2, 4)$이다. 또 함수 $f(x)$의 극소점은 $(4, 2)$이고, 극대점은 $(0, 0)$이다. 이제, 함수 $f(x)$의 그래프의 개형을 그리기 위하여 극한을 조사해 보자.
$x=2$ 근방에서 함수 $f(x)$의 극한은

$$\lim_{x\to 2-0}\frac{x^2}{x-2} = -\infty, \quad \lim_{x\to 2+0}\frac{x^2}{x-2} = \infty$$

이므로, 직선 $x=2$는 수직 점근선임을 알 수 있다. 또한,

$$\lim_{x\to\infty}\left\{f(x)-\frac{x+2}{4}\right\} = \lim_{x\to\infty}\frac{x^2-(x-2)(x+2)}{4(x-2)} = \lim_{x\to\infty}\frac{1}{(x-2)} = 0$$

$$\lim_{x\to-\infty}\left\{f(x)-\frac{x+2}{4}\right\} = \lim_{x\to-\infty}\frac{x^2-(x-2)(x+2)}{4(x-2)} = \lim_{x\to-\infty}\frac{1}{(x-2)} = 0$$

이므로, x가 한없이 커질 때 곡선 $y=f(x)$는 직선 $y=\frac{x+2}{4}$에 한없이 가까워짐을 알 수 있다. 즉 직선 $y=\frac{x}{4}+\frac{1}{2}$도 점근선이다. 이제 그래프를 그려보면 그림 5-2와 같다.

일반적으로 유리함수의 그래프를 그릴 때는 다음과 순서를 따르면 편리하다.

1. x축, y축, 또는 원점 대칭성을 조사한다.
2. x절편, y절편을 찾는다.
3. 점근선을 찾는다.
4. $f'(x)$를 이용하여, 함수의 증가 또는 감소하는 구간과 극점을 찾는다.

5. $f''(x)$를 이용하여, 함수의 위로 오목 또는 아래로 오목한 구간과 변곡점을 찾는다.

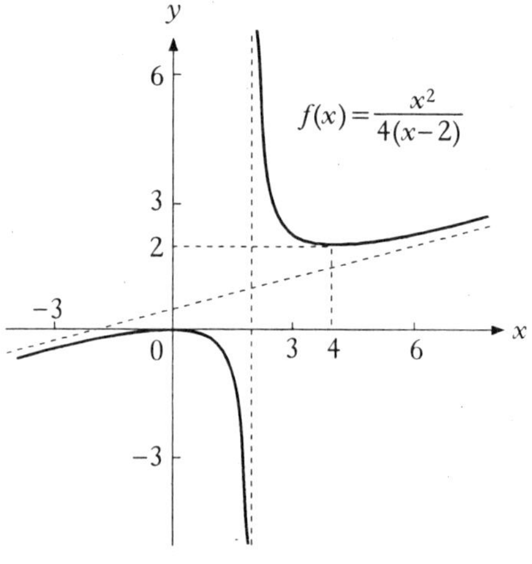

[그림 5-2]

예제 5 함수 $f(x)=\dfrac{4(x^2-1)}{x^3}$의 그래프의 개형을 그려라.

풀이 $f(-x)=\dfrac{4\{(-x)^2-1\}}{(-x)^3}=-f(x)$이므로 이 곡선은 원점대칭이다. 한편 x절편은 $(\pm1, 0)$이고 y절편은 없다. 또한, $\lim_{x\to0}f(x)=\pm\infty$, $\lim_{x\to\pm\infty}f(x)=0$이므로 두 직선 $x=0$, $y=0$은 점근선이다.

$$f'(x) = \frac{4(3-x^2)}{x^4} = 0 \Leftrightarrow x = \pm\sqrt{3}$$
$$f''(x) = \frac{8(x^2-6)}{x^5} = 0 \Leftrightarrow x = \pm\sqrt{6}$$

위의 사실들을 이용하여 표를 만들고, 그래프를 그리면 다음과 같다.

x	0		$\sqrt{3}$		$\sqrt{6}$	
$f'(x)$	+	+	0	−	−	−
$f''(x)$	−	−	−	−	0	+
$f(x)$	$-\infty$	↗	$\frac{8\sqrt{3}}{9}$ 극대	↘	$\frac{5\sqrt{6}}{9}$ 변곡점	↘

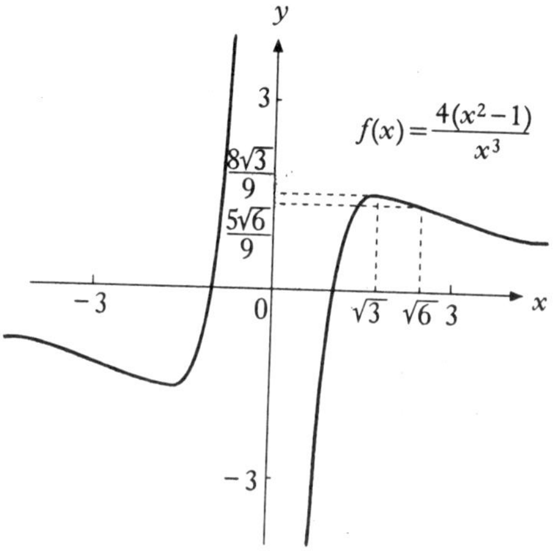

[그림 5-3] ◀

이제, 생활 속에서 나타나는 분수함수에 대하여 몫의 미분법을 적용하여 보자. 또 미분계수의 의미에 대하여 알아보자.

예제 6 어떤 약을 환자에게 주사했을 때, t시간 후의 이 약의 농도 $C(t)$는 다음과 같이 주어진다.

$$C(t) = \frac{0.15t}{t^2 + 0.81}$$

이 약의 농도가 최대일 때는 주사 했을 때 몇 시간 후인가?

풀이 $t \geq 0$일 때 함수 $C(t)$의 분모는 0보다 크므로 함수 $C(t)$는 잘 정의된다. 몫의 미분법에 의하여,

$$C'(t) = \frac{0.15(t^2 + 0.81) - 0.15t(2t)}{(t^2 + 0.81)^2}$$
$$= \frac{0.15(-t^2 + 0.81)}{(t^2 + 0.81)^2}$$

$C'(t)=0$에서 $t=0.9$이다.

$t<0.9$이면 $C'(t)>0$이고, $t>0.9$이면 $C'(t)<0$이므로 함수 $C(t)$는 $t=0.9$일 때 극대이며 최대이다.

따라서 농도가 최대일 때는 주사 후 0.9시간이 지났을 때이다. ◀

예제 7 질량이 m kg인 골프클럽으로 질량이 0.05kg인 골프공을 50m/sec의 속도로 칠 때, 골프공의 초기속도 v는 다음과 같다고 한다.

$$v(m) = \frac{83m}{m + 0.05}\text{m/sec}$$

이때, $v'(m)>0$임을 보이고 이 결과가 무엇을 의미하는 지를 설명하라.

풀이 몫의 미분법에 의하여,

$$v'(m) = \frac{83(m + 0.05) - 83m \cdot 1}{(m + 0.05)^2}$$
$$= \frac{4.15}{(m + 0.15)^2}$$

이다. 따라서 $v'(m)>0$이다. 함수 $v(m)$의 도함수가 양이므로 $v(m)$은 증가함수이다.

다시 말하면, 골프클럽의 질량 m이 커질수록 공의 초기속도 $v(m)$은 커지므로 만일 골프클럽이 무거워도 같은 속도로 칠 수 있다면 골프클럽이 무거울수록 골프공은 더 멀리 나간다고 할 수 있다. ◀

예제 7에서 의미하는 바를 다시 살펴보자.

$v'(0.15)=103.75$이고 $v'(0.20)=66.4$이다. 따라서 질량이 0.15kg일 때 질량 증가에 따른 속도의 증가율은 질량이 0.2kg일 때의 증가율보다 크다. 그러므로 질량이 0.15kg 정도의 골프클럽을 사용할 경우, 질량이 0.2kg정도의 골프클럽을 사용할 때에 비해, 초기속도의 변화가 크다. 따라서 보다 정교한 클럽 선택이 필요하다고 볼 수 있다.

연습문제 (5.1)

1. 다음 함수를 미분하라.

(1) $f(x) = \dfrac{x^2}{3} + \dfrac{5}{x^2}$ (2) $f(x) = \dfrac{3x - 2}{5x + 1}$

(3) $f(x) = \dfrac{x - 2}{x^2 + x + 1}$ (4) $f(x) = \dfrac{(x + 1)(x - 2)}{x^2 - 5x + 1}$

(5) $f(x) = \dfrac{x^3 + x^2}{x^2 + 1}$ (6) $f(x) = \dfrac{x^7 + 5x^5 + 5x^3 + x}{x^4}$

2. 다음 함수의 그래프의 개형을 그려라.

(1) $f(x) = \dfrac{3x + 1}{x - 1}$ (2) $f(x) = \dfrac{x^2 - 2x - 3}{x - 1}$

(3) $f(x) = \dfrac{x - 1}{x^2 + x + 2}$ (4) $f(x)=\dfrac{x-1}{x^3}$

3. 예제 7에서 골프클럽의 질량이 클수록 골프클럽의 속도가 줄어든다고 가정할 수 있다. 예를 들어, m kg의 골프클럽을 가지고 골프공을 쳤을 때 골프클럽의 속도가 $\dfrac{8.5}{m}$ (m/sec)이면, 골프공의 초기속도는 다음과 같다.

$$v(m) = \frac{14.11}{m + 0.05}\text{m/sec}$$

이때, $v'(m)<0$임을 보이고, 그 의미를 설명하라.

4. 비행기를 설계할 때, 고려해야 할 사항 중의 하나는 유체저항(drag), 즉, 공기의 저항에 의해 속도를 줄어들게 하는 힘이다. 비행기 속도가 v km/h일 때, 유체저항 $F(v)$를 계산하는 하나의 수학적 모델이 다음과 같이 나타난다고 하자.

$$F(v) = Av^2 + \frac{B}{v^2} \text{ (단, } A\text{와 } B\text{는 양수)}$$

실험에 의하면 유체저항 $F(v)$는 $v=260$km/h일 때 최소가 된다고 한다. 이때, A와 B의 비율 $\dfrac{B}{A}$를 구하라.

5.2 합성함수의 미분법

미분가능한 두 함수 $f(x)$와 $g(x)$의 합성함수 $(f\circ g)(x)$의 미분가능성을 조사해 보자. 또, 합성함수의 도함수 $(f\circ g)'(x)$를 구하는 방법에 대하여 알아보자.

먼저 두 함수에 $y=f(u)=u^2$, $u=g(x)=3x+2$에 대하여, 합성함수

$$y = f(g(x)) = (3x + 2)^2$$

의 도함수를 구해보자.

$$\frac{dy}{dx} = \frac{d}{dx}(3x + 2)^2 = 2(3x + 2)\cdot(3x + 2)' = 18x + 12$$

$$\frac{dy}{du}\cdot\frac{du}{dx} = (u^2)'(3x + 2)' = 2u\cdot 3 = 2(3x + 2)\cdot 3 = 18x + 12$$

이므로 다음이 성립함을 알 수 있다.

$$\frac{dy}{dx} = \frac{dy}{du}\cdot\frac{du}{dx}$$

다음 정리는 미분가능한 두 함수의 합성함수도 미분가능하며, 실제로 합성함수의 도함수를 구하는 방법을 알려준다.

[정리 5.3] (합성함수의 미분법)

두 함수 $y=f(u)$, $u=g(x)$가 미분가능하면 합성함수 $(f\circ g)(x)$도 미분가능하다. 이때 다음이 성립한다.

$$(f\circ g)'(x) = f'(g(x))\cdot g'(x)$$

즉, $\dfrac{dy}{dx} = \dfrac{dy}{du}\cdot\dfrac{du}{dx}$ 이다.

증명 $y=f(u)$, $u=g(x)$, $y=f(g(x))$에서 $k=g(x+h)-g(x)$라고 놓으면 $g(x+h)=u+k$이다. 미분가능한 함수 $g(x)$는 연속함수이므로 $h\to 0$이면 $k\to 0$이다. 한편

$$\begin{aligned}\frac{(f\circ g)(x + h) - (f\circ g)(x)}{h} &= \frac{f(u + k) - f(u)}{h}\\ &= \frac{f(u + k) - f(u)}{k}\cdot\frac{g(x + h) - g(x)}{h}\end{aligned}$$

이므로 다음을 얻는다.

$$\begin{aligned}\frac{dy}{dx} &= \lim_{h\to 0}\frac{(f\circ g)(x+h)-(f\circ g)(x)}{h}\\ &= \lim_{k\to 0}\frac{f(u+k)-f(u)}{k}\cdot\lim_{h\to 0}\frac{g(x+h)-g(x)}{h}\\ &= f'(u)\cdot g'(x) = f'(g(x))\cdot g'(x)\end{aligned}$$

■

예제 1 $y=u^3-3u^2+1$, $u=x^2+2$일 때, $\frac{dy}{dx}$를 구하라.

풀이
$$\frac{dy}{du}=3u^2-6u,\ \frac{du}{dx}=2x$$

이므로 합성함수의 미분법에 의하여

$$\frac{dy}{dx}=\frac{dy}{du}\frac{du}{dx}=(3u^2-6u)\cdot(2x)$$

◀

예제 2 $y=\frac{u}{u+1}$, $u=3x^2-1$일 때, $x=1$에서 $\frac{dy}{dx}$의 값을 구하라.

풀이 몫의 미분법에 의하여

$$\frac{dy}{du}=\frac{1\cdot(u+1)-u\cdot 1}{(u+1)^2}=\frac{1}{(u+1)^2}$$

이고 $\frac{du}{dx}=6x$이므로 합성함수의 미분법에 의하여

$$\frac{dy}{dx}=\frac{dy}{du}\cdot\frac{du}{dx}=\frac{1}{(u+1)^2}\cdot(6x)$$

$x=1$일 때, $\frac{dy}{dx}$의 값을 구하기 위하여 먼저 $x=1$일 때 $u=3x^2-1$의 값을 구해 보면,

$$u=3\cdot 1^2-1=2$$

이므로 구하려는 값은

$$\left.\frac{dy}{dx}\right|_{x=1}=\frac{6\cdot 1}{(2+1)^2}=\frac{6}{9}=\frac{2}{3}$$

◀

예제 3 함수 $f(x)=\sqrt{x^2+3x+2}$를 미분하라.

풀이 두 함수 g와 h를 다음과 같이 정의하자.

$$g(u)=\sqrt{u},\ h(x)=x^2+3x+2$$

그러면 함수 $f(x)$는 함수 $g(u)$와 함수 $h(x)$와의 합성함수이다. 함수 g와 h를 각각 미분하면 다음을 얻는다.

$$g'(u) = \frac{1}{2\sqrt{u}} \text{ (연습문제 3.1 참고)}, \quad h'(x) = 2x + 3$$

따라서 합성함수의 미분법에 의하여,

$$\begin{aligned} f'(x) &= g'(h(x))h'(x) \\ &= \frac{1}{2\sqrt{x^2 + 3x + 2}} \cdot (2x + 3) \\ &= \frac{2x + 3}{2\sqrt{x^2 + 3x + 2}} \end{aligned}$$ ◀

[정리 5.4] **임의의 정수 n과 미분가능한 함수 $h(x)$에 대하여 다음이 성립한다.**

$$\frac{d}{dx}(h(x))^n = n(h(x))^{n-1}h'(x)$$

증명 합성함수의 미분법을 적용하기 위하여 함수 $g(u) = u^n$이라 하자. 그러면,

$$\begin{aligned} \frac{d}{dx}(h(x)^n) &= \frac{d}{dx}g(h(x)) = g'(h(x)) \cdot h'(x) \\ &= n(h(x))^{n-1}h'(x) \end{aligned}$$ ■

예제 4 다음 함수를 미분하라.

(1) $y = (x^2 + 1)^4$　　　　(2) $y = \dfrac{1}{(2x + 3)^5}$

풀이 (1) 정리 5.4를 적용하기 위해서 $n=4$, $h(x)=x^2+1$이라 하면,

$$\begin{aligned} \frac{dy}{dx} &= n(h(x))^{n-1} \cdot h'(x) \\ &= 4(x^2 + 1)^3 \cdot (2x) = 8x(x^2+1)^3 \end{aligned}$$

(2) $n=-5$, $h(x)=2x+3$이라고 놓으면, $h'(x)=2$이므로 정리 5.4에 의하여

$$\begin{aligned} \frac{dy}{dx} &= n(h(x))^{n-1} \cdot h'(x) \\ &= -5(2x + 3)^{-6} \cdot 2 \\ &= -\frac{10}{(2x + 3)^6} \end{aligned}$$ ◀

예제 5 함수 $f(x) = \dfrac{(3x+1)^4}{(2x-1)^5}$를 미분하라.

풀이 몫의 미분법에 의하여

$$f'(x) = \frac{\left(\frac{d}{dx}(3x+1)^4\right)\cdot(2x-1)^5 - (3x+1)^4\cdot\frac{d}{dx}(2x-1)^5}{(2x-1)^{10}}$$

정리 5.4를 적용하면,

$$\begin{aligned} f'(x) &= \frac{4(3x+1)^3\cdot 3\cdot(2x-1)^5 - (3x+1)^4\cdot 5(2x-1)^4\cdot 2}{(2x-1)^{10}} \\ &= \frac{12(3x+1)^3(2x-1) - 10(3x+1)^4}{(2x-1)^6} \\ &= \frac{(3x+1)^3[12(2x-1) - 10(3x+1)]}{(2x-1)^6} \\ &= \frac{(3x+1)^3(-6x-22)}{(2x-1)^6} = \frac{-2(3x+11)(3x+1)^3}{(2x-1)^6} \end{aligned}$$

◀

예제 6 $-3\le x\le 2$에서 함수 $f(x)=(x^2-4)^5$의 최대값과 최소값을 각각 구하라.

풀이 합성함수의 미분법에 의하여 미분하면,

$$f'(x) = 5(x^2-4)^4\cdot(2x) = 10x(x^2-4)^4$$

이므로 $f'(x)=0$에서 $x=-2,\ 0,\ 2$이다.

그런데, $x=-2$와 $x=2$의 좌우에서 $f'(x)$의 부호는 변하지 않는다. 한편, $x<0$이면 $f'(x)\le 0$이고 $x>0$이면 $f'(x)\ge 0$이므로 $x=0$일 때 함수 $f(x)$는 극소값을 갖고 이 값은 최소값이다. 따라서 최소값은 $f(0)=(-4)^5=-1024$이다.

또한 최대값을 구하기 위하여 정의역의 양 끝 값을 구해 보면 $f(-3)=5^5$, $f(2)=0$이므로 최대값은 $5^5=3125$이다. ◀

예제 7 함수 $f(x)=\dfrac{x}{(x^2+1)^2}$의 그래프에서 변곡점을 모두 구하라.

풀이 몫의 미분법과 합성함수의 미분법을 이용하여, $f'(x)$와 $f''(x)$를 구해보자.

$$\begin{aligned} f'(x) &= \frac{1\cdot(x^2+1)^2 - x\cdot 2(x^2+1)(2x)}{(x^2+1)^4} \\ &= \frac{x^2+1-4x^2}{(x^2+1)^3} = \frac{-3x^2+1}{(x^2+1)^3} \end{aligned}$$

$$\begin{aligned} f''(x) &= \frac{(-6x)(x^2+1)^3 - (-3x^2+1)(3(x^2+1)^2)(2x)}{(x^2+1)^6} \\ &= \frac{-6x(x^2+1)^2\{(x^2+1)+(-3x^2+1)\}}{(x^2+1)^6} = \frac{12x(x^2-1)}{(x^2+1)^4} \end{aligned}$$

따라서 $f''(x)=0$에서 $x=0,\ 1,\ -1$이므로 $x=0,\ x=1,\ x=-1$의 근방에서 곡선의 모양을 조사해 보면 다음 표와 같다.

x		-1		0		1	
$f''(x)$	$-$		$+$		$-$		$+$
$f(x)$	↘	$-\frac{1}{4}$ 변곡점	↗	0 변곡점	↘	$\frac{1}{4}$ 변곡점	↘

따라서 변곡점은 $\left(-1,\ -\frac{1}{4}\right)$, $(0,\ 0)$, $\left(1,\ \frac{1}{4}\right)$이다. ◀

예제 8 어떤 공장에서 하루에 생산하는 상품의 양이 q일 때, 필요한 총 비용 $C(q)$는 다음과 같다고 한다.

$$C(q) = 0.2q^2 + q + 900$$

또한, 작업 시작 후 t시간 동안 생산한 상품의 양 $q(t)$는 다음과 같다고 한다.

$$q(t) = t^2 + 100t$$

이 공장에서 이 상품의 생산을 시작하여 1시간이 지났을 때, 시간에 대한 비용의 증가율을 구하라.

풀이 구하려는 값은 $t=1$일 때 $\frac{dC}{dt}$이다.

$$\frac{dC}{dq}=0.4q+1,\quad \frac{dq}{dt}=2t+100$$

이므로 합성함수의 미분법에 의해

$$\frac{dC}{dt} = \frac{dC}{dq}\cdot\frac{dq}{dt} = (0.4q + 1)(2t + 100)$$

이다. 따라서 $t=1$일 때, $q=t^2+100t=101$이므로 구하려는 증가율은

$$(0.4\cdot 101 + 1)(2\cdot 1 + 100) = 4222.8$$

◀

연습문제 (5.2)

1. 다음 함수를 미분하라.

(1) $f(x) = (x^3 + 1)^3$ (2) $f(x) = (x^{2000} + 1)^{2000}$

(3) $f(x) = (3x^2 + 2x + 1)^{-5}$ (4) $f(x) = \dfrac{1}{(1 - 2x)^3}$

2. 합성함수의 미분법을 이용하여, 다음 함수를 미분하라.

(1) $f(x) = \sqrt{x + 10}$ (2) $f(x) = \sqrt{x^4 + 2x + 1}$

(3) $f(x) = (x^2 + 1)(2x + 1)^5$ (4) $f(x)=\dfrac{(x+1)^3}{(2x-1)^4}$

(5) $f(x)=\dfrac{(2x+1)^3}{(x^3-2x-1)^2}$

3. 다음 함수의 그래프에서 극점과 변곡점을 각각 구하라.

(1) $f(x) = (x^2 - 5)^3$ (2) $f(x) = (x - 2)^4$

(3) $f(x) = \sqrt{x^2 + 1}$ (4) $f(x) = \left(\dfrac{x}{x + 1}\right)^2$

(5) $f(t) = \dfrac{(t - 2)^3}{t^2}$ (6) $h(t) = \dfrac{(t + 3)^3}{(t - 1)^2}$

4. 결과 A 또는 결과 B의 두 가지의 결과만 나타나는 실험이 있다. 이 실험에서 결과 A가 일어날 확률이 p(단, $0 \le p \le 1$)라고 하자. 이 실험을 m번 반복할 때, m번 중에서 정확히 n번만 결과 A가 나타날 확률 $F(p)$는 다음과 같다고 한다.

$$F(p) = kp^n(1 - p)^{m-n} \text{ (단, } k\text{는 비례상수)}$$

이때, $F(p)$의 값을 최대로 하는 p의 값을 구하라.

5.3 음함수의 미분법

x에 대한 y의 함수가 $y=f(x)$의 형태로 주어질 때, 우리는 y를 x의 **양함수**라 한다. 그러나 방정식 $x^2+y^2=1$에서도 x와 y의 범위를 적당히 정하면 y는 x의 함수가 된다. 이와 같이 x의 함수 y가 $f(x, y)=0$의 형태로 주어질 때, y를 x의 **음함수**라고 한다. 여기서는, 합성함수의 미분법을 이용하여 음함수의 도함수를 구해 보자.

먼저, 합성함수의 미분법을 이용하여 음함수 $x^2+y^2-1=0$에서 도함수 $\dfrac{dy}{dx}$를 구해 보자. 음함수 $x^2+y^2-1=0$에서 y를 x의 함수로 보고, 양변을 x에 대하여 미분하면 다음을 얻는다.

$$\frac{d}{dx}(x^2) + \frac{d}{dx}(y^2) - \frac{d}{dx}(1) = \frac{d}{dx}(0)$$

$$2x + 2y\frac{dy}{dx} = 0$$

$$\therefore \frac{dy}{dx} = -\frac{x}{y} \text{ (단, } y \neq 0)$$

여기서, $y=0$이면 $x=\pm1$이며, 이때는 미분계수가 존재하지 않는다. 이와 같이, x의 함수 y가 음함수 $f(x, y)$의 형태로 주어졌을 때, y를 x의 함수로 보고 각 항을 x에 대하여 미분한 후, 도함수 $\dfrac{dy}{dx}$를 구하는 방법을 **음함수의 미분법**(implicit differentiation)이라고 한다.

예제 1 $xy=-1$에서 $\dfrac{dy}{dx}$를 구하라.

풀이 $xy=-1$의 양변을 x에 대하여 미분하면

$$\frac{d}{dx}(x)\cdot y+x\cdot\frac{d}{dx}(y)=0 \quad \therefore\ y+x\frac{dy}{dx}=0$$

이다. 그런데 $xy=-1$에서 $x\neq0$이므로 $\dfrac{dy}{dx}=-\dfrac{y}{x}$이다. ◀

음함수로 주어진 곡선에서 접선의 방정식을 구할 때에도 음함수의 미분법을 이용하면 편리하다.

예제 2 원 $x^2-6x+y^2-2y-15=0$ 위의 점 $(-1, 4)$에서 이 원에 접하는 접선의 방정식을 구하라.

풀이 주어진 방정식의 양변을 x에 대하여 미분하면,

$$2x - 6 + 2y\frac{dy}{dx} - 2\frac{dy}{dx} = 0$$

$$\text{즉, } (2y - 2)\frac{dy}{dx} = -2x + 6$$

$$\therefore \frac{dy}{dx} = \frac{-x + 3}{y - 1} \ (\text{단, } y \neq 1)$$

따라서 점 $(-1, 4)$에서 접선의 기울기는

$$\left.\frac{dy}{dx}\right|_{x=-1,\ y=4} = \frac{-(-1) + 3}{4 - 1} = \frac{4}{3}$$

이므로 구하는 접선의 방정식은 $y-4=\frac{4}{3}(x+1)$이다.

$$\therefore y = \frac{4}{3}x + \frac{16}{3}$$ ◀

예제 3 함수 $y=\sqrt[3]{x^3+x}$에서 $\frac{dy}{dx}$를 구하라.

풀이 $y=\sqrt[3]{x^3+x}$에서 $y^3=x^3+x$이므로 양변을 x에 대하여 미분하면 다음을 얻는다.

$$3y^2 \cdot \frac{dy}{dx} = 3x^2 + 1$$

$$\therefore \frac{dy}{dx} = \frac{3x^2 + 1}{3y^2} \ (\text{단, } y \neq 0)$$ ◀

우리는 이미 n이 정수일 때 $(x^n)'=nx^{n-1}$임을 배웠다. 여기서는 음함수의 미분법을 이용하여 r이 유리수일 때 함수 x^r의 도함수 공식을 구하여 보자.

[정리 5.5] 임의의 유리수 r에 대하여 다음이 성립한다.

$$(x^r)' = rx^{r-1}$$

증명 $r=\frac{q}{p}$(단, p, q는 정수이고 $p\neq0$), $y=x^r$이라 하면 $y=x^{\frac{q}{p}}$이므로 $y^p=x^q$이다.

$y^p=x^q$의 양변을 x에 대하여 미분하면 $py^{p-1}\cdot y'=qx^{q-1}$이므로 다음을 얻는다.

$$y'=\frac{q}{p}x^{q-1}\cdot y^{1-p}=\frac{q}{p}x^{q-1}\cdot\left(x^{\frac{q}{p}}\right)^{1-p}$$

$$=\frac{q}{p}x^{q-1+\frac{q}{p}-q}=rx^{r-1}$$

$$\therefore (x^r)'=rx^{r-1}$$ ■

예제 4 다음 함수의 도함수를 구하라.

$$f(x) = \frac{1}{\sqrt[3]{1 - x^2}}$$

또, 함수 $f(x)$의 최소값을 구하여라.

풀이 $f(x)=(1-x^2)^{-\frac{1}{3}}$이므로 예제 5와 합성함수의 미분법에 의하여 미분하면 다음을 얻는다.

$$\begin{aligned} f'(x) &= -\frac{1}{3}(1 - x^2)^{-\frac{4}{3}} \cdot (-2x) \\ &= \frac{2x}{3\sqrt[3]{(1 - x^2)^4}} \end{aligned}$$

따라서 $x=0$일 때 함수 $f(x)$는 최소값을 가지며, 최소값은 $f(0)=1$이다. ◀

예제 5 어떤 공장에서 1주일에 숙련공이 x시간 일하고 초보자가 y시간 일할 때 생산하는 상품의 양 Q는 다음과 같다고 하자.

$$Q = 2x^3 + x^2y + y^3$$

숙련공이 30시간 일하고 초보가 20시간 일할 때와 같은 양의 상품을 생산하기 위하여, 만일 숙련공이 1시간 더 일한다면 초보자가 일할 시간의 증가율은 얼마인가?

풀이 먼저 $x=30$, $y=20$일 때, 상품의 양 Q를 구해보자.

$$Q = 2 \cdot 30^3 + 30^2 \cdot 20 + 20^3 = 80000$$

따라서 같은 양의 상품을 생산하기 위하여 숙련공이 일한 시간 x와 초보자가 일한 시간 y의 관계는 다음과 같이 음함수로 나타난다.

$$2x^3 + x^2y + y^3 = 80000 \tag{1}$$

구하려는 것은 x가 1만큼 증가할 때, y가 증가하는 양이므로 $\frac{dy}{dx}$이다.
$\frac{dy}{dx}$를 구하기 위하여 식 (1)에 음함수의 미분법을 적용하면,

$$\begin{aligned} 6x^2 + 2xy + x^2\frac{dy}{dx} + 3y^2\frac{dy}{dx} &= 0 \\ \therefore \frac{dy}{dx} &= -\frac{6x^2 + 2xy}{x^2 + 3y^2} \end{aligned}$$

따라서 구하려는 증가율은 다음과 같다.

$$\left.\frac{dy}{dx}\right|_{x=30,\ y=20} = -\frac{6(30)^2 + 2(30)(20)}{30^2 + 3(20)^2}$$
$$= -\frac{22}{7}$$

따라서 초보자가 일할 시간은 $\frac{22}{7}$시간 줄어든다. ◀

예제 6 오른쪽 그림과 같이, 10m의 사다리가 벽에 기대어져 있다. 이 사다리의 윗부분이 아래로 3m/sec의 속도로 미끄러져 내려가고 있다고 하자. 사다리의 윗부분이 바닥에서 6m 떨어져 있을 때, 사다리의 아랫부분은 얼마의 속도로 벽으로부터 멀어지고 있는가?

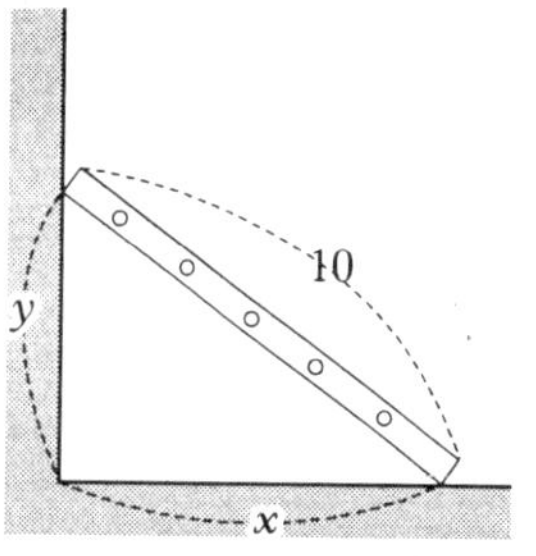

[그림 5-4]

풀이 바닥에서 사다리의 윗부분까지의 거리 x와 벽으로부터 사다리의 아랫부분까지의 거리 y는 시간에 t에 대한 함수이다. 그리고 벽과 바닥은 수직이므로 피타고라스의 정리에 의해 x와 y는 다음과 같이 음함수로 나타난다.

$$x^2 + y^2 = 10^2 \tag{1}$$

음함수의 미분법에 의하여 미분하면,

$$2x\frac{dx}{dt} + 2y\frac{dy}{dt} = 0 \tag{2}$$

그런데 $y=6$일 때 식 (1)에서 $x=8$이고, 문제에서 주어진 조건에 의하여 $\frac{dy}{dt}=-3$이므로 식 (2)에 대입하면,

$$2\cdot 8\frac{dx}{dt} + 2\cdot 6\cdot(-3)=0$$
$$\therefore\ \frac{dx}{dt} = \frac{9}{4}=2.25\text{m/sec}$$

따라서 사다리의 아래부분은 2.25m/sec의 속도로 벽으로부터 멀어지고 있다. ◀

예제 7 어떤 상품을 일 주일 동안에 x(천)개 만들 때, 이 상품의 개당 가격 p(천)원은 다음 식을 만족한다고 한다.

$$x^2 - 2x\sqrt{p} - p^2 = 31 \tag{1}$$

현재 이 상품의 개당 가격이 9천원이고, 일 주일에 200원의 속도로 가격이 상승한다고 하자. 이때, 이 상품의 일 주당 생산량의 증가율은 얼마인가?

풀이 상품의 양 x(천)개와 개당 가격 p(천)원은 시간 t(주)에 대한 함수이다.

문제에서 $p=9$이고 $\frac{dp}{dt}=0.2$이며, 이 식품의 일 주당 생산량의 증가율은 $\frac{dx}{dt}$이다.

먼저 $p=9$일 때 x의 값을 구하기 위해서 식 (1)에 대입하자.

$$x^2 - 2x\sqrt{9} - 9^2 = 31$$
$$\text{즉, } (x+8)(x-14) = 0$$
$$\therefore\ x = 14$$

음함수의 미분법에 의하여 식 (1)을 t에 대하여 미분하면,

$$2x\frac{dx}{dt} - 2\left(\frac{dx}{dt}\sqrt{p} + x\cdot\frac{1}{2\sqrt{p}}\cdot\frac{dp}{dt}\right) - 2p\frac{dp}{dt} = 0 \qquad (2)$$

$x=14$, $p=9$, $\frac{dp}{dt}=0.2$를 식 (2)에 대입하면,

$$2\cdot 14\frac{dx}{dt} - 2\left(\sqrt{9}\frac{dx}{dt} + 14\cdot\frac{1}{2\sqrt{9}}\cdot 0.2\right) - 2\cdot 9\cdot 0.2 = 0$$

이므로 구하려는 값은 $\frac{dx}{dt} \fallingdotseq 0.206$에서 일 주당 이 상품의 생산량의 증가율은 약 0.206이다. 따라서 일 주당 206개를 더 생산해야 한다. ◀

연습문제 (5.3)

1. 음함수의 미분법을 이용하여, 다음에서 $\dfrac{dy}{dx}$를 구하라.

   (1) $x^2 - y^2 = 1$
   (2) $x^3 + y^3 + 3xy = 0$
   (3) $\sqrt{x} + \sqrt{y} = 1$
   (4) $y = \sqrt[4]{x^3 - x}$
   (5) $\dfrac{1}{x} + \dfrac{1}{y} = 1$
   (6) $(x + 2y)^3 = x$

2. 다음에서 주어진 곡선 위에 있는 점에서 곡선에 접하는 접선의 방정식을 구하라.

   (1) $x^2 + y^2 = 5$; (1, 2)
   (2) $\sqrt{x} + \sqrt{y} = 3$; (1, 4)
   (3) $x^2 = y^3$; (8, 4)

3. 키가 180cm인 사람이 높이가 360cm인 가로등으로부터 120cm/sec의 속도로 멀어지고 있다. 이 사람이 가로등으로부터 600cm 떨어졌을 때, 이 사람의 그림자의 길이의 변화율을 구하라.

4. 타원 $\dfrac{x^2}{a^2}+\dfrac{y^2}{b^2}=1$(단, $a>0$, $b>0$) 위에 있는 점(x_0, y_0)에서 이 타원에 접하는 접선의 방정식을 구하라.

5. 쌍곡선 $\dfrac{x^2}{a^2}-\dfrac{y^2}{b^2}=1$(단, $a>0$, $b>0$) 위에 있는 점(x_0, y_0)에서 이 쌍곡선에 접하는 접선의 방정식을 구하라.

5.4 역함수의 미분법

미분가능한 함수 $y=f(x)$의 역함수 $x=f^{-1}(y)$가 존재할 때, 함수 $f(x)$의 도함수 $f'(x)$를 이용하여, 역함수 $x=f^{-1}(y)$의 도함수 $(f^{-1})'(y)$를 구해 보자.

함수 $f: X \to Y$가 일대일 대응이면 임의의 $y \in Y$에 대하여 $y=f(x)$가 되는 $x \in X$가 오직 하나 존재하므로 f의 **역함수** $f^{-1}: Y \to X$가 정의된다. 이때, 다음이 성립된다.

$$f(x) = y \Leftrightarrow x = f^{-1}(y)$$
$$f^{-1}(f(x)) = x,\ f(f^{-1}(y)) = y$$

예제 1 구간 $[a, b]$에서 정의된 함수 $f(x)$가 증가함수이면 $f(x)$는 일대일 함수임을 보여라.

풀이 임의의 $x_1, x_2 \in [a, b]$에 대하여, $x_1 \neq x_2$이면 $f(x_1) \neq f(x_2)$임을 보여야 한다.
한편, $x_1 \neq x_2$이면 $x_1 < x_2$(또는, $x_1 > x_2$)이고, $f(x)$가 증가함수이므로 $f(x_1) < f(x_2)$(또는, $f(x_1) > f(x_2)$)가 되어 $f(x_1) \neq f(x_2)$이다. 따라서, $f(x)$는 일대일 함수이다. ◀

다음 정리는 연속이고 증가하는 함수는 역함수를 가지며, 역함수 또한 연속이고 증가하는 함수임을 말한다. 그러나 증명은 이 책의 정도를 벗어나므로 생략한다.

> **[정리 5.6]** 함수 f가 폐구간 $[a, b]$에서 연속이고 증가(또는, 감소) 함수이면 함수 f의 역함수 f^{-1}가 존재하며, 역함수 f^{-1}는 폐구간 $[f(a), f(b)]$(또는, $[f(b), f(a)]$)에서 연속이고 증가(또는, 감소) 함수이다.

한편, 함수 $f(x)$가 개구간 (a, b)에서 $f'(x) > 0$(또는 $f'(x) < 0$)이면 평균값 정리에 의하여 이 구간에서 함수 $f(x)$는 증가(또는 감소) 함수가 되어 일대일 함수이다.

예제 2 함수 $f(x)=x^3-3x$(단, $x > 1$)의 역함수 f^{-1}가 존재함을 보이고, $f^{-1}(2)$와 $f^{-1}(18)$을 각각 구하라.

풀이 $f'(x)=3x^2-3$은 $x > 1$에서 $f'(x) > 0$이므로 함수 $f(x)$는 $x > 1$에서 증가함수이다. 따라서 역함수 f^{-1}가 존재한다.

$f^{-1}(2)=a$(단, $a>1$)이라 놓으면 $f(a)=2$에서 $a=2$이다.

$$\therefore\ f^{-1}(2)=2$$

마찬가지 방법으로, $f^{-1}(18)=3$이다. ◀

다음 정리는 미분가능한 함수 $f(x)$에 대하여, 함수 $f(x)$의 역함수의 도함수를 구하는 방법, 즉 역함수의 미분법을 제시한다.

[정리 5.7] (역함수의 미분법)

폐구간 $[a,\ b]$에서 연속인 함수 $y=f(x)$가 개구간 $(a,\ b)$에서 미분가능하며 임의의 $x\in(a, b)$에 대하여 $f'(x)>0$(또는 $f'(x)<0$)이면, 함수 $y=f(x)$의 역함수 $x=f^{-1}(y)$가 존재하며, 이 역함수도 미분가능하고 다음이 성립한다.

$$\begin{aligned}(f^{-1})'(y) &= \frac{1}{f'(x)}\\ &= \frac{1}{f'(f^{-1}(y))}\ (\text{단, } f'(f^{-1}(y))\neq 0)\end{aligned}$$

증명 $f'(x)>0$이므로 $y=f(x)$는 구간 $[a,\ b]$에서 증가함수이고 역함수 $x=f^{-1}(y)$가 존재한다. $h=f^{-1}(y+k)-f^{-1}(y)$라고 놓으면

$$f^{-1}(y+k)=f^{-1}(y)+h=x+h$$

이므로 $f(x+h)=y+k$, 즉 $k=f(x+h)-f(x)$이다. 따라서

$$\frac{f^{-1}(y+k)-f^{-1}(y)}{k}=\frac{h}{f(x+h)-f(x)}$$

이때, f^{-1}도 연속이 되므로 $k\to 0$일 때 $h\to 0$이다.

$$\begin{aligned}\therefore\ (f^{-1})'(y) &= \lim_{k\to 0}\frac{f^{-1}(y+k)-f^{-1}(y)}{k}\\ &= \frac{1}{\displaystyle\lim_{h\to 0}\frac{f(x+h)-f(x)}{h}}\\ &= \frac{1}{f'(x)}=\frac{1}{f'(f^{-1}(y))}\end{aligned}$$

■

역함수의 미분법에 의하면 $x=f^{-1}(y)$의 도함수 $\frac{dx}{dy}$는 다음과 같다.

$$\frac{dx}{dy} = (f^{-1})'(y) = \frac{1}{f'(x)} = \frac{1}{\frac{dy}{dx}}$$

위의 정리에서는 역함수의 도함수가 존재하는 것까지를 보였다. 하지만, 역함수의 도함수가 존재한다는 것을 가정하면, 역함수의 미분공식은 다음과 같이 구할 수 있다. $f(f^{-1}(y))=y$에서 양변을 y에 대하여 미분하면 다음과 같다.

$$f'(f^{-1}(y)) \cdot (f^{-1})'(y) = 1$$

$$\therefore (f^{-1})'(y) = \frac{1}{f'(f^{-1}(y))} = \frac{1}{f'(x)} \text{ (단, } f'(f^{-1}(y)) \neq 0)$$

예제 3 함수 $f(x)=x^3-4x+1\left(\text{단, } x>\frac{2}{\sqrt{3}}\right)$에서 $(f^{-1})'(1)$와 $(f^{-1})'(16)$을 구하라.

풀이 $x>\frac{2}{\sqrt{3}}$일 때 $f'(x)=3x^2-4>0$이므로, 함수 $f(x)$는 증가함수이고 역함수 f^{-1}가 존재한다. 이때, $(f^{-1})(1)=2$, $(f^{-1})(16)=3$이고 $f'(2)=8$, $f'(3)=23$이므로 다음을 얻는다.

$$(f^{-1})'(1) = \frac{1}{f'(2)} = \frac{1}{8}$$

$$(f^{-1})'(16) = \frac{1}{f'(3)} = \frac{1}{23}$$ ◀

예제 4 함수 $y=-3x^{\frac{1}{3}}+5$에서 $\frac{dx}{dy}$를 구하라.

풀이 $y'=-x^{-\frac{2}{3}}<0$이므로 함수 $y=-3x^{\frac{1}{3}}+5$는 모든 실수에서 연속이고 감소함수이다. 따라서 역함수가 존재한다. 역함수의 미분법을 적용하면 다음을 얻는다.

$$\frac{dx}{dy} = \frac{1}{\frac{dy}{dx}} = -x^{\frac{2}{3}} = -\left(\frac{5-y}{3}\right)^2$$ ◀

한편, 위의 예제에서 함수 $y=-3x^{\frac{1}{3}}+5$는 $x=\left(\frac{5-y}{3}\right)^3$이므로 이를 미분하면 다음과 같다.

$$\frac{dx}{dy} = 3\left(\frac{5-y}{3}\right)^2 \cdot \left(-\frac{1}{3}\right) = -\left(\frac{5-y}{3}\right)^2$$

연습문제 (5.4)

1. 역함수의 미분법을 이용하여, 다음에서 $\dfrac{dx}{dy}$를 구하라.
   (1) $y = x^3 + 2$
   (2) $y = \left(\dfrac{3x + 1}{3x - 1}\right)^5$
   (3) $y = x + \dfrac{1}{x}$ (단, $0 < x < 1$)

2. 다음에서 $(f^{-1})'(11)$의 값을 구하라.
   (1) $f(x) = x^7 + 8x^3 + 4x - 2$
   (2) $f(x) = -3x^{\frac{1}{3}} + 5$

3. 함수 $f(x)=\dfrac{ax+b}{cx+d}$에 대하여, 다음 물음에 답하라.
   (1) 함수 $f(x)$가 일대일 함수일 필요충분조건은 $ad-bc \neq 0$임을 보여라.
   (2) 역함수 $f^{-1}(x)$를 구하라.
   (3) 역함수 $f^{-1}(x)$의 도함수를 구하라.

4. 매개변수로 나타낸 함수 $x=f(t)$, $y=g(t)$에 대하여, 다음 물음에 답하라.
   (1) 합성함수의 미분법과 역함수의 미분법을 이용하여, 다음이 성립함을 보여라.

$$\frac{dy}{dx} = \frac{dy}{dt} \Big/ \frac{dx}{dt}$$

   (2) 다음 매개변수로 나타낸 함수에서 $\dfrac{dy}{dx}$를 구하라.

$$x=\frac{1-t^2}{1+t^2},\ y=\frac{2t}{1+t^2}$$

5. 다음 함수가 역함수를 가지기 위한 a값의 범위를 구하라.

$$f(x) = -x^3 + ax^2 - 12x - 1$$

6 초월함수의 미분과 적분

함수 $y=f(x)$가 x에 대한 다항식이 아니고 유리식이나 무리식도 아닐 때 초월함수라 한다. 초월함수에는 삼각함수, 로그함수, 지수함수, 쌍곡선함수 등이 있다. 이러한 초월함수는 수학 뿐만 아니라 통계학, 물리학, 공학 등에서 주로 다루어지는 중요한 함수이다.
이 장에서는 여러 가지 초월함수의 정의를 알아보고, 이러한 초월함수의 미분과 적분에 대하여 공부한다.

6.1 삼각함수의 미분과 적분

우리가 정보를 얻고 싶어하는 많은 자연현상, 예를 들면 전자기장, 심장의 운동, 밀물과 썰물, 날씨 등은 주기적이다. 미적분학의 아름답고 놀라운 정리에 의하면 수학적 모델로 사용되는 모든 주기함수는 sine과 cosine을 이용하여 표현될 수 있다고 말한다. 따라서, sine과 cosine 함수의 도함수는 주기적인 변화를 묘사하는데 중요한 역할을 한다.

이 절에서는 여러 가지 삼각함수의 도함수를 구하고, 도함수를 이용한 기본형의 적분법과 그 응용을 공부한다.

도함수의 정의를 이용하면 삼각함수 $\sin x$와 $\cos x$의 도함수 공식을 얻는다.

[정리 6.1]

(1) $\dfrac{d}{dx}(\sin x) = \cos x$　　　(2) $\dfrac{d}{dx}(\cos x) = -\sin x$

증명 (1)

$$\begin{aligned}
\frac{dy}{dx} &= \lim_{h\to0}\frac{\sin(x+h)-\sin x}{h} \\
&= \lim_{h\to0}\frac{(\sin x\cos h+\cos x\sin h)-\sin x}{h} \\
&\quad (\because \sin(x+h) = \sin x\cos h + \cos x\sin h) \\
&= \lim_{h\to0}\frac{\sin x(\cos h-1)+\cos x\sin h}{h} \\
&= \lim_{h\to0}\left(\sin x\cdot\frac{\cos h-1}{h}\right) + \lim_{h\to0}\left(\cos x\cdot\frac{\sin h}{h}\right) \\
&= \sin x\cdot\lim_{h\to0}\frac{\cos h-1}{h} + \cos x\cdot\lim_{h\to0}\frac{\sin h}{h} \\
&= \sin x\cdot 0 + \cos x\cdot 1 \ (\because \text{제 2.3절 예제 1(3)}) \\
&= \cos x
\end{aligned}$$

(2)

$$\begin{aligned}
\frac{dy}{dx} &= \lim_{h\to0}\frac{\cos(x+h)-\cos x}{h} \\
&= \lim_{h\to0}\frac{(\cos x\cos h-\sin x\sin h)-\cos x}{h}
\end{aligned}$$

$$(\because \cos(x+h) = \cos x \cos h - \sin x \sin h)$$

$$= \lim_{h \to 0} \frac{\cos x(\cos h - 1) - \sin x \sin h}{h}$$

$$= \lim_{h \to 0}\left(\cos x \cdot \frac{\cos h - 1}{h}\right) - \lim_{h \to 0}\left(\sin x \cdot \frac{\sin h}{h}\right)$$

$$= \cos x \cdot \lim_{h \to 0} \frac{\cos h - 1}{h} - \sin x \cdot \lim_{h \to 0} \frac{\sin h}{h}$$

$$= \cos x \cdot 0 - \sin x \cdot 1 \quad (\because \text{제 2.3 절 예제 1(3)})$$

$$= -\sin x$$

■

여러 가지 형태의 삼각함수의 도함수를 구하기 위해서는 기본적인 삼각함수의 도함수 공식과 여러 가지 미분법을 이용한다.

예제 1 다음에서 $\frac{dy}{dx}$를 구하라.

(1) $y = \sin^2 x$　　(2) $y = \cos x \sin x$　　(3) $y = \frac{\sin x}{1-\cos x}$

풀이 (1) 합성함수의 미분법을 이용하면,

$$\frac{dy}{dx} = 2\sin x \cdot \frac{d}{dx}(\sin x) = 2\sin x \cos x$$

(2) 곱의 미분법을 이용하면,

$$\frac{dy}{dx} = \frac{d}{dx}(\cos x) \cdot \sin x + \cos x \cdot \frac{d}{dx}(\sin x)$$
$$= -\sin x \cdot \sin x + \cos x \cdot \cos x = -\sin^2 x + \cos^2 x$$

(3) 몫의 미분법을 이용하면,

$$\frac{dy}{dx} = \frac{\frac{d}{dx}(\sin x) \cdot (1 - \cos x) - \sin x \cdot \frac{d}{dx}(1 - \cos x)}{(1 - \cos x)^2}$$

$$= \frac{\cos x \cdot (1 - \cos x) - \sin x \cdot \sin x}{(1 - \cos x)^2} = \frac{\cos x - 1}{(1 - \cos x)^2}$$

$$= \frac{1}{\cos x - 1}$$

◀

예제 2 곡선 $y=\sin 2x$ 위에 있는 점 $\left(\frac{\pi}{2}, 0\right)$에서 이 곡선에 접하는 접선의 방정식을 구하라.

풀이 $\dfrac{dy}{dx}=2\cos 2x$이므로 점 $\left(\dfrac{\pi}{2}, 0\right)$에서 접선의 기울기는

$$\left.\frac{dy}{dx}\right|_{x=\frac{\pi}{2}} = 2\cdot\cos\left(2\cdot\frac{\pi}{2}\right) = -2$$

따라서 접선의 방정식은

$$y - 0 = -2\left(x - \frac{\pi}{2}\right)$$
$$\therefore\ y = -2x + \pi$$

◀

정리 6.1과 몫의 미분법을 이용하면 다음 삼각함수의 도함수 공식을 얻는다.

[정리 6.2]

(1) $\dfrac{d}{dx}(\tan x) = \sec^2 x$ (2) $\dfrac{d}{dx}(\cot x) = -\csc^2 x$

(3) $\dfrac{d}{dx}(\sec x) = \sec x\tan x$ (4) $\dfrac{d}{dx}(\csc x) = -\csc x\cot x$

예제 3 다음에서 $\dfrac{dy}{dx}$를 구하라.

(1) $y = \tan x + \dfrac{1}{3}\tan^3 x$ (2) $y = \sqrt{\cot x}$ (3) $y = \sec^2 x$

풀이 (1) $\dfrac{dy}{dx} = \sec^2 x + \dfrac{1}{3}\cdot 3\cdot\tan^2 x\cdot\sec^2 x = \sec^2 x(1 + \tan^2 x) = \sec^4 x$

(2) 먼저, $\dfrac{d}{dx}(\sqrt{x})=\dfrac{1}{2\sqrt{x}}$이므로 합성함수의 미분법을 이용하면,

$$\frac{dy}{dx} = \frac{\frac{d}{dx}(\cot x)}{2\sqrt{\cot x}} = \frac{-\csc^2 x}{2\sqrt{\cot x}}$$

(3) $\dfrac{dy}{dx} = 2\sec x\cdot\dfrac{d}{dx}(\sec x) = 2\sec^2 x\tan x$

◀

예제 4 함수 $y=\sec x$에 대하여, y''을 구하라.

풀이 $y'=\dfrac{dy}{dx}=\sec x\tan x$이므로 다음이 성립한다.

$$\begin{aligned} y'' &= \frac{d}{dx}(\sec x\ \tan x) \\ &= \frac{d}{dx}(\sec x)\cdot\tan x + \sec x\cdot\frac{d}{dx}(\tan x) \\ &= \sec x\tan^2 x + \sec^3 x \end{aligned}$$

◀

예제 5 음함수의 미분법을 이용하여, 다음 주어진 점에서의 미분계수를 구하라.

(1) $x\sin y + y^2 = \pi^2;\ x = 1,\ y = \pi$

(2) $y = \pi x\cos y;\ x = -1,\ y = \pi$

풀이 (1) $x\sin y+y^2=\pi^2$의 양변을 x에 대하여 미분하면,

$$\sin y + x\cos y\cdot\frac{dy}{dx} + 2y\cdot\frac{dy}{dx} = 0$$

즉, $(x\cos y+2y)\dfrac{dy}{dx}=-\sin y$ 이므로 $\dfrac{dy}{dx}=\dfrac{-\sin y}{x\cos y+2y}$

$$\therefore\ \left.\frac{dy}{dx}\right|_{x=1,\ y=\pi} = \frac{-\sin\pi}{1\cdot\cos\pi + 2\cdot\pi} = 0$$

(2) $y=x\cos y$의 양변을 x에 대하여 미분하면,

$\dfrac{dy}{dx}=\pi\left(\cos y-x\sin y\cdot\dfrac{dy}{dx}\right)$이므로 $\dfrac{dy}{dx} = \dfrac{\pi\cos y}{1 + \pi x\sin y}$

$$\therefore\ \left.\frac{dy}{dx}\right|_{x=-1,\ y=\pi} = \frac{\pi\cos\pi}{1 + \pi(-1)\cdot\sin\pi} = -\pi$$ ◀

예제 6 함수 $f(x)=2x-\tan x$ $\left(단,\ -\dfrac{\pi}{2}<x<\dfrac{\pi}{2}\right)$의 극값을 모두 구하라.

풀이 $f(x)=2x-\tan x$에서 $f'(x)=2-\sec^2x,\ f''(x)\equiv-2\sec^2x\tan x$

$f'(x)=2-\sec^2x=0$에서 $\sec^2x=2$ 이므로 $\cos x=\pm\dfrac{1}{\sqrt{2}}$ 즉, $x=\pm\dfrac{\pi}{4}$

그런데 $f''\left(\dfrac{\pi}{4}\right)=-4<0$ 이므로 $x=\dfrac{\pi}{4}$에서 극대이고, $f''\left(-\dfrac{\pi}{4}\right)=4>0$ 이므로 $x=-\dfrac{\pi}{4}$에서 극소이다.

$\therefore$ 극대값 : $f\left(\dfrac{\pi}{4}\right) = \dfrac{\pi}{2} - 1$, 극소값 : $f\left(-\dfrac{\pi}{4}\right) = 1 - \dfrac{\pi}{2}$ ◀

정리 6.1과 정리 6.2로부터 다음과 같은 삼각함수의 부정적분의 기본형을 얻는다.

(1) $\int\cos x\,dx = \sin x + C$	(2) $\int\sin x\,dx = -\cos x + C$
(3) $\int\sec^2x\,dx = \tan x + C$	(4) $\int\csc^2dx = -\cot x + C$
(5) $\int\sec x\tan x = \sec x + C$	(6) $\int\csc x\cot x\,dx = -\csc x + C$

예제 7 다음 적분을 구하라.

(1) $\int\left(\frac{1}{x^2} - 2\sin x - 3\cos x\right)dx$ (2) $\int\frac{1}{1-\sin^2 x}dx$

(3) $\int\frac{\sin^2 x}{1+\cos x}dx$ (4) $\int(\tan x + \cot x)^2 dx$

(5) $\int_0^{\frac{\pi}{2}}\sin^2\frac{x}{2}\,dx$ (6) $\int_0^{\frac{\pi}{4}}\tan^2 x\,dx$

풀이 (1)
$$\begin{aligned}\int\left(\frac{1}{x^2} - 2\sin x - 3\cos x\right)dx &= \int x^{-2}dx - 2\int\sin x\,dx - 3\int\cos x\,dx\\ &= \frac{x^{-2+1}}{-2+1} - 2(-\cos x) - 3(\sin x) + C\\ &= -\frac{1}{x} + 2\cos x - 3\sin x + C\end{aligned}$$

(2)
$$\begin{aligned}\int\frac{1}{1-\sin^2 x}dx &= \int\frac{1}{\cos^2 x}dx\\ &= \int\sec^2 x\,dx = \tan x + C\end{aligned}$$

(3)
$$\begin{aligned}\int\frac{\sin^2 x}{1+\cos x}dx &= \int\frac{1-\cos^2 x}{1+\cos x}dx\\ &= \int(1-\cos x)dx\\ &= x - \sin x + C\end{aligned}$$

(4)
$$\begin{aligned}\int(\tan x + \cot x)^2 dx &= \int(\tan^2 x + 2\tan x\cot x + \cot^2 x)dx\\ &= \int(\sec^2 x + \csc^2 x)dx\\ &= \tan x - \cot x + C\end{aligned}$$

(5)
$$\begin{aligned}\int_0^{\frac{\pi}{2}}\sin^2\frac{x}{2}\,dx &= \int_0^{\frac{\pi}{2}}\frac{1-\cos x}{2}dx\\ &= \left[\frac{1}{2}x - \frac{1}{2}\sin x\right]_0^{\frac{\pi}{2}} = \frac{\pi}{4} - \frac{1}{2}\end{aligned}$$

(6)
$$\begin{aligned}\int_0^{\frac{\pi}{4}}\tan^2 x\,dx &= \int_0^{\frac{\pi}{4}}(\sec^2 x - 1)dx\\ &= \left[\tan x - x\right]_0^{\frac{\pi}{4}} = \tan\frac{\pi}{4} - \frac{\pi}{4}\\ &= 1-\frac{\pi}{4}\end{aligned}$$

◀

예제 8 곡선 $y=\sin x$ (단, $0\leq x\leq \pi$)와 x축으로 둘러싸인 영역 S에 대하여, 다음을 구하라.

(1) 영역 S의 넓이 A

(2) 영역 S를 밑면으로 하고, x축에 수직인 평면으로 자른 단면이 정삼각형인 입체의 부피 V

풀이 영역 S를 그려보면 다음과 같다.

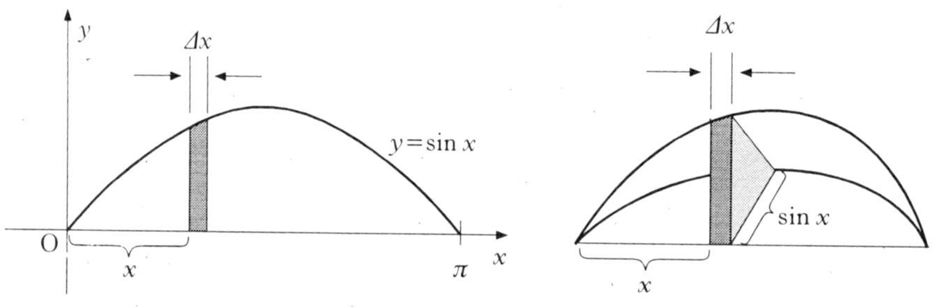

[그림 6-1]

(1) $A = \int_0^{\pi} \sin x\, dx = [-\cos x]_0^{\pi}$

$= -\cos\pi + \cos 0 = 2$

(2) 한 변의 길이가 a인 정삼각형의 넓이는 $\frac{\sqrt{3}}{4}a^2$이며, 단면적을 적분한 값이 입체의 부피이므로 구하려는 입체의 부피 V는

$$V = \int_0^{\pi} \frac{\sqrt{3}}{4}(\sin x)^2 dx$$

$$= \frac{\sqrt{3}}{4}\int_0^{\pi} \frac{1-\cos 2x}{2} dx \quad \left(\because\ \sin^2 x = \frac{1-\cos 2x}{2}\right)$$

$$= \frac{\sqrt{3}}{8}\int_0^{\pi} (1-\cos 2x) dx$$

$$= \frac{\sqrt{3}}{8}\left[x - \frac{1}{2}\sin 2x\right]_0^{\pi}$$

$$= \frac{\sqrt{3}}{8}\pi$$

◀

연습문제 (6.1)

1. 정리 6.2를 증명하라.

2. 다음에서 $f'(x)$를 구하라.

(1) $f(x) = \dfrac{\sin x}{x}$　　(2) $f(x) = x^2\cos x$

(3) $f(x) = \sec x \tan x$　　(4) $f(x) = \sin\sqrt{1-x^2}$

(5) $f(x) = \cos(\sin x)$　　(6) $f(x) = \tan(1+x^2)$

3. 다음 주어진 점에서 곡선 $y=\sin x$에 접하는 접선과 법선의 방정식을 각각 구하라.

(1) $(0,\ 0)$　　(2) $\left(\dfrac{\pi}{4},\ \dfrac{\sqrt{2}}{2}\right)$　　(3) $(\pi,\ 0)$

4. 다음 주어진 점에서 곡선 $y=\tan x$에 접하는 접선과 법선의 방정식을 각각 구하라.

(1) $(0,\ 0)$　　(2) $\left(\dfrac{\pi}{4},\ 1\right)$　　(3) $\left(-\dfrac{\pi}{4},\ -1\right)$

5. 곡선 $y = \sin 2x$ (단, $0 \le x \le \pi$)에 접하고, 직선 $y = \dfrac{1}{2}x + 1$과 수직인 직선의 방정식을 구하라.

6. 음함수의 미분법을 이용하여, 다음 주어진 점에서의 접선의 기울기를 구하라.

(1) $\sin(xy) = y;\ \left(\dfrac{\pi}{2},\ 1\right)$　(2) $\sqrt{3+\tan xy} = 2;\ \left(\dfrac{\pi}{12},\ 3\right)$　(3) $x\sin y = 1;\ \left(\sqrt{2},\ \dfrac{\pi}{4}\right)$

7. 함수 $f(x)=\sqrt{3}\sin x+\cos x$ (단, $0\le x\le 2\pi$)의 극값을 모두 구하라.

8. 다음 적분을 구하라.

(1) $\displaystyle\int\left(\sin\frac{x}{2} - \cos\frac{x}{2}\right)^2 dx$　(2) $\displaystyle\int\frac{1}{1-\cos^2 x}\,dx$　(3) $\displaystyle\int\frac{\sin x}{\cos^2 x}\,dx$

(4) $\displaystyle\int_0^{\frac{\pi}{2}}\cos^2\frac{x}{2}\,dx$　(5) $\displaystyle\int_{\frac{\pi}{4}}^{\frac{\pi}{3}}\cot^2 x\,dx$

9. 구간 $\left[0,\ \dfrac{\pi}{3}\right]$에서 두 곡선 $y=\sin x$와 $y=\sin 2x$로 둘러싸인 영역 S에 대하여, 다음을 구하라.

(1) 영역 S의 넓이 A

(2) 영역 S를 x축 둘레로 회전시켜 생긴 입체의 부피 V

6.2 로그함수의 미분과 적분

지금까지 우리는 대략적인 도함수와 적분의 개념을 이미 살펴보았다. 그러나 이러한 도함수에 관하여 한 빈틈이 있음을 다음을 통해서 알 수 있다.

$$\frac{d}{dx}\left(\frac{x^3}{3}\right) = x^2$$
$$\frac{d}{dx}\left(\frac{x^2}{2}\right) = x^1$$
$$\frac{d}{dx}(x) = 1 = x^0$$
$$\frac{d}{dx}(???) = x^{-1}$$
$$\frac{d}{dx}(-x^{-1}) = x^{-2}$$
$$\frac{d}{dx}\left(-\frac{x^{-2}}{2}\right) = x^{-3}$$

위의 과정에서 우리는 '도함수가 $\frac{1}{x}$인 함수가 존재하는가' 라는 의문을 가지게 된다. 다시 말하면, '부정적분 $\int \frac{1}{x}dx$가 존재하는가' 하는 물음에 도달하게 된다. 위의 사실을 살펴보면, 임의의 실수 n에 대하여 $n \neq -1$이면,

$$\int x^n dx = \frac{x^{n+1}}{n+1} + C$$

가 성립한다. 이제, $n=-1$인 경우의 부정적분, 즉

$$\int \frac{1}{x}dx$$

에 관한 새로운 함수를 정의하고 그 함수의 성질에 대해 알아보자.

[정의 6.3] $x>0$에 대하여

$$\ln x = \int_1^x \frac{1}{t}dt \tag{1}$$

인 함수 $f(x)=\ln x$를 **자연로그함수**(natural logarithm function)라 한다.

자연로그함수의 미분: 함수 $\ln x$의 정의와 미분과 정적분의 관계 (정리 4.3)로부터 다음이 성립함을 알 수 있다.

$$\frac{d}{dx}(\ln x) = \frac{1}{x} \ (\text{단, } x > 0) \tag{2}$$

따라서, 자연로그함수 $f(x)=\ln x$는 모든 $x>0$에 대하여 미분가능하고 $f'(x)=\frac{1}{x}>0$이므로 이 함수는 증가함수이다. 더욱이 식 (1)에서 보듯이 함수 $\ln x$는 모든 $x>0$에 대하여 곡선 $y=\frac{1}{t}$과 두 직선 $t=1$과 $t=x$ 및 t축으로 둘러싸인 영역의 넓이에 대응되므로 다음이 성립함을 쉽게 알 수 있다.

$$\ln x \begin{cases} > 0, & x > 1 \\ = 0, & x = 1 \\ < 0, & 0 < x < 1 \end{cases}$$

한편, $\frac{d^2}{dx^2}(\ln x)=-\frac{1}{x^2}<0$이므로 함수 $f(x)=\ln x$의 그래프는 위로 볼록하다. 또한 미적분학의 기본정리에 의하여 이 함수는 연속함수이므로 $\ln x=1$을 만족하는 실수 x가 유일하게 존재한다. 이 실수 x를 e로 나타내며, 이 값은 다음 극한값과 같은 무리수임이 잘 알려져 있다.

$$e=\lim_{n\to\infty}\left(1+\frac{1}{n}\right)^n \approx 2.718281828$$

이상을 종합하면, 함수 $f(x)=\ln x$ (단, $x>0$)의 그래프의 개형은 그림 6-2와 같다.

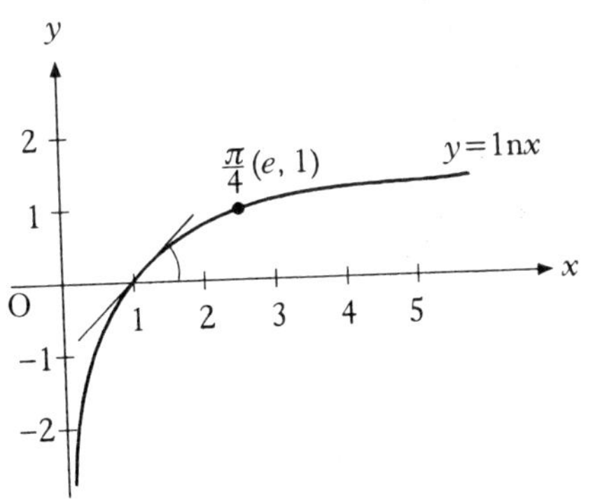

[그림 6-2]

한편, 식 (2)와 합성함수의 미분법을 이용하면 다음을 얻는다.

> $u=f(x)>0$이고 함수 $f(x)$가 미분가능하면, 다음이 성립한다.
>
> $$\frac{d}{dx}(\ln u) = \frac{1}{u}\frac{du}{dx}$$

예제 1 다음에서 $\frac{dy}{dx}$를 구하라.

(1) $y = \ln\sqrt{x}$ (2) $y = \ln(x^2 + 1)$

풀이 (1) $u=\sqrt{x}=x^{\frac{1}{2}}$이라 하면,

$$\frac{dy}{dx} = \frac{d}{dx}(\ln\sqrt{x}) = \frac{1}{\sqrt{x}}\cdot\frac{d}{dx}(\sqrt{x}) = \frac{1}{2x}$$

(2) $u=x^2+1$이라 하면,

$$\frac{dy}{dx} = \frac{d}{dx}\{\ln(x^2 + 1)\} = \frac{1}{x^2 + 1}\cdot\frac{d}{dx}(x^2 + 1) = \frac{2x}{x^2 + 1}$$ ◀

예제 2 다음이 성립함을 보여라.

$$\frac{dy}{dx}(\ln|x|) = \frac{1}{x} \text{ (단 } x \neq 0)$$

풀이 $x>0$이면 $|x|=x$이므로

$$\frac{dy}{dx} = \frac{d}{dx}(\ln x) = \frac{1}{x}$$

$x<0$이면 $|x|=-x$이므로

$$\frac{dy}{dx} = \frac{d}{dx}\{\ln(-x)\} = \frac{1}{-x}\frac{d}{dx}(-x) = \frac{1}{-x}\cdot(-1) = \frac{1}{x}$$

$$\therefore \frac{d}{dx}(\ln|x|) = \frac{1}{x}$$ ◀

> **[정리 6.4]** 함수 $f(x)$(단, $f(x)\neq 0$)가 미분가능하면 다음이 성립한다.
>
> $$\frac{d}{dx}(\ln|f(x)|) = \frac{f'(x)}{f(x)}$$

증명 함수 $\ln|f(x)|$에서 $u=f(x)$라 하면 $y=\ln|u|$이므로 합성함수미분법과 예제 2로부터 다음을 얻는다.

$$\frac{dy}{dx} = \frac{dy}{du}\cdot\frac{du}{dx} = \frac{1}{u}\cdot f'(x) = \frac{f'(x)}{f(x)}$$ ■

예제 3 $y=\ln|x^2-x|$일 때, $\frac{dy}{dx}$를 구하라.

풀이 $$\frac{dy}{dx} = \frac{d}{dx}(\ln|x^2-x|) = \frac{(x^2-1)'}{x^2-x} = \frac{2x-1}{x^2-x}$$ ◀

예제 4 함수 $f(x)=x\ln x-x$의 극값을 모두 구하라.

풀이 $f(x)=x\ln x-x$에서 $f'(x)=\ln x+x\cdot\frac{1}{x}-1=\ln x$, $f''(x)=\frac{1}{x}$

$f'(x)=\ln x=0$에서 $x=1$

따라서 $f''(1)=1>0$이므로 $x=1$에서 극소값 $f(1)=-1$ ◀

정리 6.4를 이용하면 다음과 같은 **자연로그의 기본성질**을 쉽게 얻을 수 있다.

> **[정리 6.5]** 임의의 실수 $a, b>0$와 유리수 $r>0$에 대하여, 다음이 성립한다.
>
> (1) $\ln ab = \ln a + \ln b$
>
> (2) $\ln\frac{a}{b} = \ln a - \ln b$
>
> (3) $\ln a^r = r\ln a$

증명 여기서는 (1)만 증명하고 나머지는 연습문제로 남긴다.

$f(x)=\ln(ax)$(단, $x>0$)라 하면

$$f'(x) = \frac{(ax)'}{ax} = \frac{a}{ax} = \frac{1}{x}$$

이므로 $\ln(ax)=\ln x+C$이다. 특히 $x=1$이면 $C=\ln a$이다.

따라서 $x=b$이면 $\ln ab=\ln a+\ln b$가 성립한다. ■

예제 5 $y=\ln\left(x^3\cdot\sqrt{\frac{x-1}{x+1}}\right)$ (단, $x>1$)일 때, $\frac{dy}{dx}$를 구하라.

풀이 정리 6.5를 이용하면

$$y = 3\ln x + \frac{1}{2}\ln(x-1) - \frac{1}{2}\ln(x+1)$$

$$\therefore \frac{dy}{dx}=\frac{3}{x}+\frac{1}{2(x-1)}-\frac{1}{2(x+1)}$$
$$=\frac{6x-5}{2x(x-1)}$$ ◀

로그를 이용한 미분법 (로그 미분법): 함수 $f(x)$가 여러 개의 다항 함수의 몫의 형태이거나 곱 또는 거듭제곱의 형태를 포함하고 있는 복잡한 함수일 때, 함수 $f(x)$의 도함수는 양변의 절대값에 자연로그를 취한 후 로그의 성질(정리 6.5)과 로그함수의 도함수를 이용하면 수월하게 구할 수 있다. 이러한 미분법을 로그를 이용한 미분법(logarithmic differentiation)이라 부르며, 예제 6을 통하여 소개한다.

예제 6 다음 함수에서 $\frac{dy}{dx}$를 구하라.

$$y=\frac{\sqrt{1-x^2}}{(x+1)^{\frac{2}{3}}}$$

풀이 먼저 양변에 자연로그를 취한 후, 로그의 성질을 이용하면

$$\ln y=\frac{1}{2}\ln(1-x^2)-\frac{2}{3}\ln(x+1)$$

따라서 음함수의 미분법을 이용하여 양변을 x에 대하여 미분하면 다음을 얻는다.

$$\frac{y'}{y}=\frac{-2x}{2(1-x^2)}-\frac{2}{3(x+1)}=-\frac{(x+2)}{3(1-x^2)}$$

$$\therefore y'=-\frac{y(x+2)}{3(1-x^2)}=-\frac{\sqrt{1-x^2}(x+2)}{3(x+1)^{\frac{2}{3}}(1-x^2)}=-\frac{(x+2)}{3(x+1)^{\frac{2}{3}}(1-x^2)^{\frac{1}{2}}}$$ ◀

일반적으로, 양수 a를 밑으로 하는 로그함수는 자연로그함수를 이용하여 다음과 같이 정의한다.

[정의 6.6] $a>0(a\neq1)$와 $x>0$에 대하여

$$\log_a x=\frac{\ln x}{\ln a}$$

인 함수 $f(x)=\log_a x$를 **a를 밑으로 하는 로그함수**라 한다.

$\ln e = 1$이므로, 위 정의로부터

$$\log_e x = \ln x$$

이다. 따라서, 자연로그함수를 e를 밑으로 하는 로그함수라고 부르기도 한다. 또한

$$\begin{aligned}\frac{d}{dx}(\log_a x) &= \frac{d}{dx}\left(\frac{\ln x}{\ln a}\right) = \frac{1}{\ln a}\cdot\frac{d}{dx}(\ln x)\\ &= \frac{1}{\ln a}\cdot\frac{1}{x} = \frac{1}{x\ln a}\end{aligned}$$

임을 알 수 있다. 예를 들면, 다음이 성립한다.

$$\begin{aligned}\frac{d}{dx}(\log_{10} x) &= \frac{1}{x\ln 10}\\ \frac{d}{dx}\{\log_2(x^2+1)\} &= \frac{2x}{(x^2+1)\ln 2}\end{aligned}$$

지금까지 우리는 로그함수의 미분에 대하여 공부하였다. 이제 로그함수의 도함수를 이용하여 간단한 몫의 형태인 함수의 부정적분을 알아보자. 실제로, 간단한 몫의 형태인 함수의 부정적분은 로그함수가 됨을 알 수 있다. 다음은 부정적분의 정의와 정리 6.4로부터 직접 얻을 수 있는 결과이다.

[정리 6.7] 함수 $f(x)$ (단, $f(x)\neq 0$)가 미분가능할 때 다음이 성립한다.

$$\int\frac{f'(x)}{f(x)}dx = \ln|f(x)| + C$$

특히,

$$\int\frac{1}{x}dx = \ln|x| + C$$

예제 7 다음을 구하라.

(1) $\displaystyle\int\frac{5}{2x+7}dx$

(2) $\displaystyle\int\frac{x^2}{x^3+1}dx$

(3) $\displaystyle\int_0^2\frac{2x}{x^2-5}dx$

(4) $\displaystyle\int_{-\frac{\pi}{2}}^{\frac{\pi}{2}}\frac{4\cos\theta}{3+2\sin\theta}d\theta$

풀이 (1) $\int \frac{5}{2x+7}dx = \frac{5}{2}\int \frac{2}{2x+7}dx = \frac{5}{2}\int \frac{(2x+7)'}{2x+7}dx$

$= \frac{5}{2}\ln|2x+7| + C$

(2) $\int \frac{x^2}{x^3+1}dx = \frac{1}{3}\int \frac{3\cdot x^2}{x^3+1}dx = \frac{1}{3}\ln|x^3+1| + C$

(3) $\int_0^2 \frac{2x}{x^2-5}dx = \int_0^2 \frac{(x^2-5)'}{x^2-5}dx = [\ln|x^2-5|]_0^2$

$= \ln|-1|-\ln|-5| = 0-\ln 5 = -\ln 5$

(4) $\int_{-\frac{\pi}{2}}^{\frac{\pi}{2}} \frac{4\cos\theta}{3+2\sin\theta}d\theta = 2\int_{-\frac{\pi}{2}}^{\frac{\pi}{2}} \frac{2\cos\theta}{3+2\sin\theta}d\theta = 2\int_{-\frac{\pi}{2}}^{\frac{\pi}{2}} \frac{(3+2\sin\theta)'}{3+2\sin\theta}d\theta$

$=2\Big[\ln|3+2\sin\theta|\Big]_{-\frac{\pi}{2}}^{\frac{\pi}{2}} = 2\{\ln(3+2) - \ln 1\} = 2\ln 5$ ◀

예제 8 다음이 성립함을 보여라.

(1) $\int \tan x\,dx = -\ln|\cos x| + C$

(2) $\int \sec x\,dx = \ln|\sec x + \tan x| + C$

풀이 (1) $\int \tan x\,dx = \int \frac{\sin x}{\cos x}dx = -\int \frac{-\sin x}{\cos x}dx = -\ln|\cos x| + C$

(2) $\frac{(\sec x + \tan x)'}{\sec x + \tan x} = \frac{\sec x\tan x + \sec^2 x}{\sec x + \tan x} = \sec x$ 이므로

$$\int \sec x\,dx = \int \frac{(\sec x + \tan x)'}{\sec x + \tan x}dx = \ln|\sec x + \tan x| + C$$ ◀

예제 9 곡선 $y=\frac{1}{x}$과 두 직선 $x=1$, $x=e$ 및 x축으로 둘러싸인 영역 S에 대하여 다음을 구하라.

(1) 영역 S의 넓이 A

(2) 영역 S를 x축 둘레로 회전시켜 생기는 입체의 부피 V

풀이 영역 S는 아래의 빗금친 부분이다.

(1) $y>0$이므로

$$A = \int_1^e \frac{1}{x}dx = [\ln|x|]_1^e = \ln e = 1$$

(2) $V = \pi\int_1^e \left(\frac{1}{x}\right)^2 dx = \pi\left[-\frac{1}{x}\right]_1^e$

$= \pi\left(1 - \frac{1}{e}\right)$

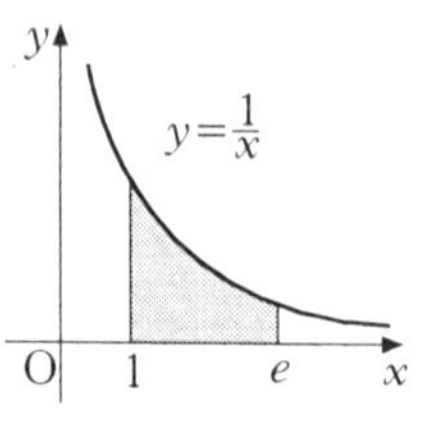

[그림 6-3]

◀

연습문제 (6.2)

1. 임의의 실수 $a, b>0$와 유리수 $r>0$에 대하여, 다음이 성립함을 증명하라.

(1) $\ln\frac{a}{b} = \ln a - \ln b$ (2) $\ln a^r = r\ln a$

2. 다음 식을 간단히 하라.

(1) $2\ln(x+1) - \ln x$ (2) $\frac{1}{2}\ln(x-9) + \frac{1}{2}\ln x$

(3) $\ln(x-2) - \ln(x+2) + 2\ln x$ (4) $\ln(x^2-9) - 2\ln(x-3) - \ln(x+3)$

3. 다음에서 $\frac{dy}{dx}$를 구하라.

(1) $y = \ln(x^4)$ (2) $y = (\ln x)^2$

(3) $y = \ln(|\sin x|)$ (4) $y = \ln(2+\sqrt{x})$

(5) $y = \sqrt{\ln x}$ (6) $y = \cos(\ln x)$

4. 음함수의 미분법을 이용하여, 다음에서 $\frac{dy}{dx}$를 구하라.

(1) $y + \ln xy = 1$ (2) $y = \ln(x\tan y)$

5. 로그미분법을 이용하여, 다음에서 $\frac{dy}{dx}$를 구하라.

(1) $y = \frac{(2x+3)(3x+4)}{5x+6}$ (2) $y = \sqrt{\frac{x^2+1}{x^2-1}}$

6. 다음 부정적분을 구하라.

(1) $\int\frac{1}{2x}dx$ (2) $\int\frac{5x^4}{x^5+1}dx$

(3) $\int\frac{t+1}{t}dt$ (4) $\int\frac{\sin 3\theta}{1+\cos 3\theta}d\theta$

(5) $\int\cot x\,dx$ (6) $\int\csc x\,dx$

7. 다음 식을 만족시키는 x 값을 모두 구하라.

$$\int_{\frac{1}{3}}^{x}\frac{1}{t}dt = 2\int_{1}^{x}\frac{1}{t}dt$$

6.3 지수함수의 미분과 적분

자연로그함수 $f(x)=\ln x$는 정의역이 $(0, \infty)$이고, 치역이 $(-\infty, \infty)$이며 증가함수이므로 $f(x)$의 역함수가 존재한다. 이제, 자연로그함수의 역함수로 지수함수를 정의해 보자.

> **[정의 6.8]** 함수 $f(x)=\ln x$의 역함수를
>
> $$f^{-1}(x) = e^x$$
>
> 로 나타내고 이것을 **지수함수**(exponential function)라 한다.

예제 1 임의의 실수 $x>0$에 대하여, 다음이 성립함을 보여라.

$$e^{\ln x} = x$$

풀이 $y=e^{\ln x}$라 놓고 양변에 자연로그를 취하면,

$$\ln y = \ln(e^{\ln x}) = \ln x \ln e = \ln x$$

이다. 그런데 자연로그함수는 일대일 함수이므로, $y=x$이다. 따라서 $e^{\ln x} = x$가 성립한다. ◀

이제, 지수함수 e^x를 이용하여 일반적인 지수함수 a^x (단, $a\neq1$, $a>0$)을 정의해 보자. 예제 1로부터, 임의의 양수 a와 임의의 실수 x에 대하여, 다음이 성립함은 분명하다.

$$a^x = e^{\ln a^x} = e^{x \ln a}$$

실제로, 지수함수 $y=a^x$는 로그함수 $y=\log_a x$의 역함수이다. 그림 6-4는 함수 $y=10^x$의 그래프와 그 역함수 $y=\log_{10}x$의 그래프를 나타낸 것이다.

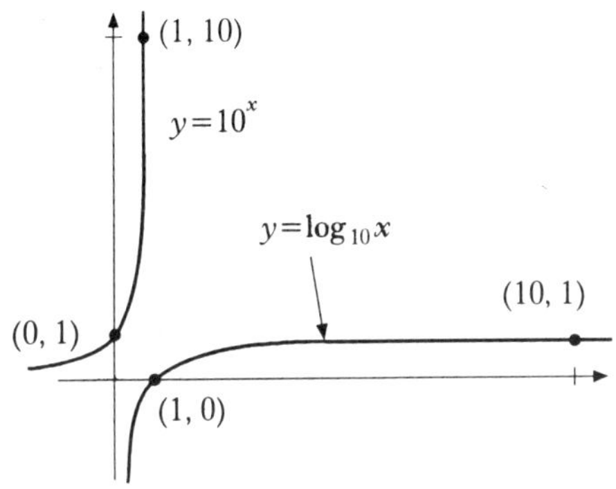

[그림 6-4]

> **[정리 6.9]** 임의의 양수 a와 임의의 실수 x에 대하여, 다음이 성립한다.
>
> (1) $\dfrac{d}{dx}(e^x) = e^x$ (2) $\dfrac{d}{dx}(a^x) = a^x \ln a$

증명 (1) $x=\ln e^x$이므로 양변을 x에 대하여 미분하면

$$1 = \frac{1}{e^x}\cdot\frac{d}{dx}(e^x)$$

로부터 쉽게 얻는다.

(2) $a^x=e^{x\ln a}$이므로 (1)과 합성함수의 미분법으로부터 다음을 쉽게 얻는다.

$$\frac{d}{dx}(a^x) = \frac{d}{dx}(e^{x\ln a}) = e^{x\ln a}\ln a = a^x\ln a$$ ■

지수함수의 도함수 공식과 여러 가지 미분법을 이용하면, 다양한 형태의 지수함수를 미분할 수 있다.

예제 2 다음에서 $\dfrac{dy}{dx}$를 구하라.

(1) $y = e^{x^2+1}$

(2) $y = 3^{\sin x}$

(3) $y = x^x$ (단, $x > 0$)

풀이 (1) $\dfrac{dy}{dx}=e^{x^2+1}\cdot(x^2+1)'=2xe^{x^2+1}$

(2) $\dfrac{dy}{dx} = 3^{\sin x} \cdot \ln 3 \cdot (\sin x)' = 3^{\sin x}\ln 3 \cdot \cos x$

(3) 먼저 양변에 자연로그를 취하면, $\ln y = x \ln x$이고, $\ln y = x \ln x$의 양변을 x에 대하여 미분하면 다음을 얻는다.

$$\frac{y'}{y} = \ln x + x \cdot \frac{1}{x} = \ln x + 1 \text{ 즉, } y' = y(\ln x + 1)$$

$$\therefore \frac{dy}{dx} = x^x(\ln x + 1)$$ ◀

이제, 지수함수와 로그함수의 도함수를 이용하여 접선의 방정식을 구하고, 함수의 그래프의 개형을 그려보자.

예제 3 곡선 $y = x\ln x + 2x$에 접하고, 직선 $y = 2x + 3$과 평행한 직선의 방정식을 구하라.

풀이 구하는 직선은 기울기가 2이고 곡선 $y = x\ln x + 2x$에 접한다. $y = x\ln x + 2x$에서

$$y' = \ln x + x \cdot \frac{1}{x} + 2 = \ln x + 3$$

이므로 기울기가 2인 점의 x좌표는 $\ln x + 3 = 2$에서 $\ln x = -1$.

따라서 $x = \dfrac{1}{e}$ 이다.

이때, $y = \dfrac{1}{e}$이므로 접점은 $\left(\dfrac{1}{e}, \dfrac{1}{e}\right)$이고 접선의 방정식은

$$y - \frac{1}{e} = 2\left(x - \frac{1}{e}\right) \text{ 즉, } y = 2x - \frac{1}{e}$$ ◀

예제 4 함수 $f(x) = xe^{\frac{x}{2}}$의 증가와 감소 및 오목과 볼록을 조사하라. 또, 최대값과 최소값 및 변곡점을 구하고, 그 그래프를 그려라.

풀이 $f'(x) = e^{\frac{x}{2}} + \dfrac{1}{2}xe^{\frac{x}{2}} = \dfrac{1}{2}e^{\frac{x}{2}}(x + 2)$

$f''(x) = \dfrac{1}{4}e^{\frac{x}{2}}(x + 2) + \dfrac{1}{2}e^{\frac{x}{2}} = \dfrac{1}{4}e^{\frac{x}{2}}(x + 4)$

먼저, $f'(x) = 0$에서 $x = -2$이므로

$x < -2$이면 $f'(x) < 0$이고, $x > -2$이면 $f'(x) > 0$이다.

그러므로 함수 $f(x)$는 구간 $(-\infty, -2)$에서 감소하고 구간 $(-2, \infty)$에서 증가하며, $x = -2$에서 최소값 $f(-2) = -\dfrac{2}{e}$를 가진다.

또한 $f''(x)=0$에서 $x=-4$이므로, $x<-4$이면 $f''(x)<0$이고, $x>-4$이면 $f''(x)>0$이다. 따라서, 곡선 $y=f(x)$는 구간 $(-\infty,\ -4)$에서 아래로 오목하고, 구간 $(-4,\ \infty)$에서 위로 오목하며, 변곡점은 $\left(-4,\ -\frac{4}{e^2}\right)$이다.

그런데, $\lim_{x\to-\infty} xe^{\frac{x}{2}}=0$이므로 직선 $y=0$은 수평점근선이다.

이상에서 함수 $f(x)=xe^{\frac{x}{2}}$의 그래프의 개형은 그림 6-5와 같다.

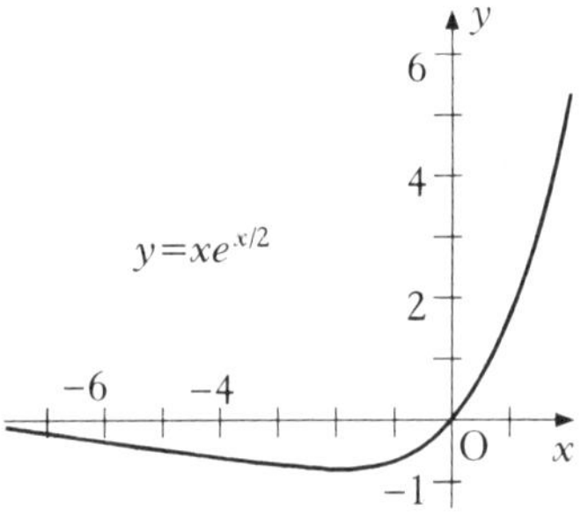

[그림 6-5] ◀

지금까지, 지수함수의 미분에 대하려 배웠다. 여기서는 지수함수의 적분에 대하여 알아보자. 지수함수의 도함수 공식인 정리 6.9와 부정적분의 정의에 의하여 다음과 같은 지수함수의 부정적분을 얻는다.

[정리 6.10] $a\neq1$인 임의의 양수 a에 대하여, 다음이 성립한다.

(1) $\int e^x\,dx=e^x+C$

(2) $\int a^x\,dx=\frac{a^x}{\ln a}+C$

예제 5 k가 $k\neq0$인 임의의 실수일 때, 다음이 성립함을 보여라.

$$\int a^{kx}\,dx = \frac{a^{kx}}{k\ln a} + C,\ \int e^{kx}\,dx = \frac{e^{kx}}{k} + C$$

풀이 $\dfrac{d}{dx}\left(\int a^{kx}dx\right)=a^{kx}$이고,

$$\frac{d}{dx}\left(\frac{a^{kx}}{k \ln a} + C\right) = \frac{1}{k \ln a} \cdot a^{kx} \cdot \ln a \cdot k = a^{kx}$$

이므로 부정적분의 정의에 의해 다음이 성립한다.

$$\int a^{kx}dx = \frac{a^{kx}}{k \ln a}+C$$

특히, $a=e$이면 두 번째 식이 성립한다. ◀

위 예제 5를 이용하면, 다음을 얻는다.

$$\int 10^{2x}dx = \frac{10^{2x}}{2 \ln 10} + C$$

$$\int e^{3x}dx = \frac{e^{3x}}{3} + C$$

예제 6 다음 부정적분을 구하라.

(1) $\displaystyle\int \frac{4e^x \sin^2 x - 1}{\sin^2 x}dx$ (2) $\displaystyle\int \frac{8^x + 1}{2^x + 1}dx$

풀이 (1) $\displaystyle\int \frac{4e^x \sin^2 x - 1}{\sin^2 x}dx = \int (4e^x - \csc^2 x)dx$

$= 4e^x + \cot x + C$

(2) $\displaystyle\int \frac{8^x + 1}{2^x + 1}dx = \int \frac{(2^x)^3 + 1}{2^x + 1}dx$

$\displaystyle= \int \frac{(2^x + 1)\{(2^x)^2 - 2^x + 1\}}{2^x + 1}dx$

$\displaystyle= \int (4^x - 2^x + 1)dx$

$\displaystyle= \frac{4^x}{\ln 4} - \frac{2^x}{\ln 2} + x + C$ ◀

마지막으로, 지수함수의 미분과 적분의 응용으로 접선의 방정식 및 넓이와 부피를 구하여 보자.

예제 7 곡선 $y=e^x$와 원점에서 이 곡선에 그은 접선 및 y축으로 둘러싸인 영역 S에 대하여, 다음을 구하라.

(1) 영역 S의 넓이 A

(2) 영역 S를 x축 둘레로 회전시켜 생기는 입체의 부피 V

풀이 $y=e^x$에서 $y'=e^x$이므로 곡선 위에 있는 점 (a, e^a)에서의 접선의 방정식은

$$y-e^a=e^a(x-a)$$

이다. 그런데 이 직선이 원점을 지나므로, $0-e^a=e^a(0-a)$로부터 $a=1$이다. 따라서 접선의 방정식은 $y=ex$이다.

(1) 영역 S의 넓이 A는 다음과 같다.

$$\begin{aligned} A &= \int_0^1 (e^x-ex)dx = \left[e^x - \frac{e}{2}x^2\right]_0^1 \\ &= \left(e - \frac{e}{2}\right) - (e^0 - 0) \\ &= \frac{e}{2} - 1 \end{aligned}$$

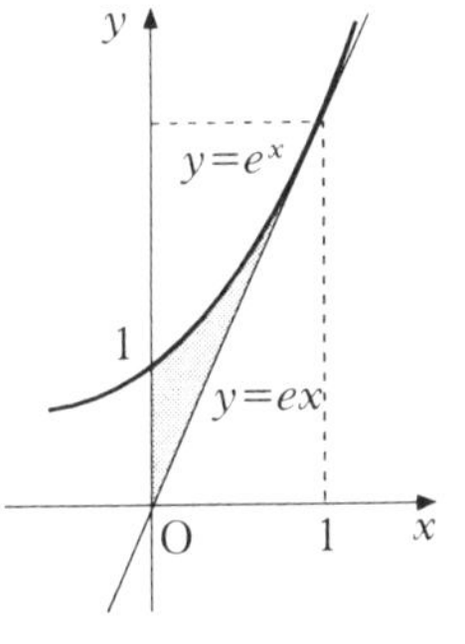

[그림 6-6]

(2) 영역 S를 x축 둘레로 회전시켜 생기는 입체의 부피 V는 다음과 같다.

$$\begin{aligned} V &= \pi\int_0^1 (e^x)^2dx - \pi\int_0^1 (ex)^2dx \\ &= \pi\left[\frac{1}{2}e^{2x}\right]_0^1 - \pi\left[\frac{1}{3}e^2x^3\right]_0^1 \\ &= \frac{\pi}{6}(e^2 - 3) \end{aligned}$$

◀

연습문제 (6.3)

1. 다음에서 $\dfrac{dy}{dx}$를 구하라.

(1) $y=e^{x^2}$

(2) $y = 3^{\sqrt{x}}$

(3) $y = 2^{-x^2}$

(4) $y = xe^{-3x}$

(5) $y = x^{\sin x}$

(6) $y = (1 + \cos x)^{\sin x}$

2. 다음 적분을 구하라.

(1) $\displaystyle\int \frac{e^{2x} - \sin^2 x}{e^x + \sin x}dx$

(2) $\displaystyle\int \frac{xe^x - 2}{x}dx$

(3) $\displaystyle\int 2^x(2^x + 1)dx$

(4) $\displaystyle\int (2e^x - 3^x)dx$

(5) $\displaystyle\int_0^1 e^{2x}\,dx$

(6) $\displaystyle\int_0^1 3^{2x+1}\,dx$

3. 다음 부정적분을 구하라.

$$\int \frac{x}{ax + b}dx \ (\text{단, } a \neq 0)$$

4. 함수 $f(x)$가 다음을 만족시킬 때, $f(x)$를 구하라.

$$f'(x) = 2\cos x + e^x,\ f(0) = 4$$

5. 곡선 $y=e^x-1$과 직선 $x=1$ 및 x축으로 둘러싸인 부분을 x축 둘레로 회전시켜 생기는 입체의 부피를 구하라.

6. 곡선 $y=\ln(x+1)$과 두 직선 $x=0$, $y=1$로 둘러싸인 부분을 y축 둘레로 회전시켜 생기는 입체의 부피를 구하라.

6.4 쌍곡선함수의 미분과 적분

쌍곡선함수(hyperbolic function)는 두 지수함수 e^x와 e^{-x}의 결합으로 정의되며 다음과 같은 것들이 있다.

$$\sinh x,\quad \cosh x,\quad \tanh x$$
$$\operatorname{csch} x,\quad \operatorname{sech} x,\quad \coth x$$

이들은 삼각함수와 비슷한 성질이 있기 때문에 아주 흥미로우며 낙하하는 물체의 연구, 현수선, 그리고 파장 운동 등 물리적 현상에서 많이 나타난다.

[정의 6.11] 임의의 실수 x에 대하여, $\sinh x$(hyperbolic sine x), $\cosh x$(hyperbolic cosine x)를 다음과 같이 정의한다.

$$\sinh x = \frac{e^x - e^{-x}}{2},\ \cosh x = \frac{e^x + e^{-x}}{2}$$

일반적으로 삼각함수와 마찬가지로, 나머지 쌍곡선함수들도 $\sinh x$와 $\cosh x$를 이용하여 다음과 같이 정의한다.

$$\tanh x = \frac{\sinh x}{\cosh x} = \frac{e^x - e^{-x}}{e^x + e^{-x}},\quad \operatorname{csch} x = \frac{1}{\sinh x} = \frac{2}{e^x - e^{-x}}$$
$$\operatorname{sech} x = \frac{1}{\cosh x} = \frac{2}{e^x + e^{-x}},\quad \coth x = \frac{1}{\tanh x} = \frac{e^x + e^{-x}}{e^x - e^{-x}}$$

한편, 쌍곡선함수의 정의에 의하여,

$$\sinh(-x) = -\sinh x,\ \cosh(-x) = \cosh x,\ \tanh(-x) = -\tanh x$$

이므로 $\sinh x$와 $\tanh x$와 기함수이고, $\cosh x$는 우함수이다. 따라서 함수 $y=\sinh x$와 함수 $y=\tanh x$의 그래프는 원점에 대해 대칭이고, 함수 $y=\cosh x$의 그래프는 y축에 대해 대칭이다. 이제, 두 함수 $y=e^x$와 $y=e^{-x}$의 그래프를 이용하여 함수 $y=\sinh x$, $y=\cosh x$, $y=\tanh x$의 그래프를 그리면 그림 6-7과 같다.

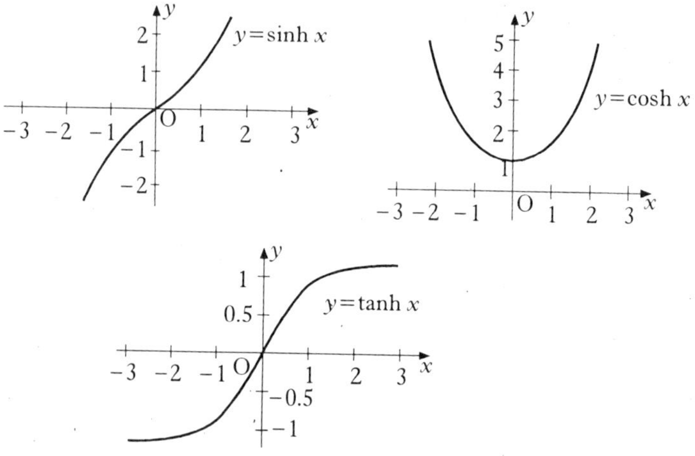

[그림 6-7]

예제 1 임의의 실수 t에 대하여, 점 $P(\cosh t, \sinh t)$는 쌍곡선

$$x^2 - y^2 = 1$$

위에 있는 점임을 보여라(그림 6-8 참조).

풀이 $x=\cosh t$, $y=\sinh t$이므로 $\cosh^2 t-\sinh^2 t=1$임을 보이면 된다.

$$\begin{aligned}\cosh^2 t - \sinh^2 t &= \left(\frac{e^t + e^{-t}}{2}\right)^2 - \left(\frac{e^t - e^{-t}}{2}\right)^2 \\ &= \frac{e^{2t} + 2e^t e^{-t} + e^{-2t}}{4} - \frac{e^{2t} - 2e^t e^{-t} + e^{-2t}}{4} \\ &= \frac{2 + 2}{4} = 1\end{aligned}$$

이므로 점 $P(\cosh t, \sinh t)$는 쌍곡선 $x^2-y^2=1$ 위에 있는 점이다.

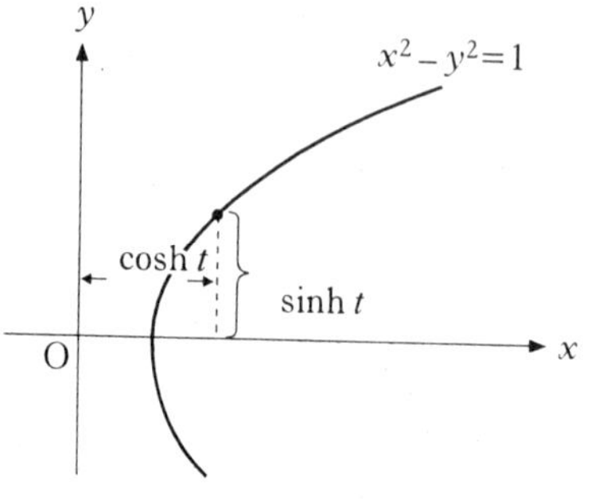

[그림 6-8]

◀

다음 정리에서 보듯이 쌍곡선함수들은 삼각함수에서 성립하는 것과 비슷한 많은 등식을 만족시킨다.

[정리 6.12] (1) $e^x = \cosh x + \sinh x,\ e^{-x} = \cosh x - \sinh x$

(2) $\cosh^2 x - \sinh^2 x = 1$

(3) $1 - \tanh^2 x = \operatorname{sech}^2 x$

(4) $\coth^2 x - 1 = \operatorname{csch}^2 x$

(5) $\sinh(x \pm y) = \sinh x \cosh y \pm \cosh x \sinh y$ (단, 복부호 동순)

(6) $\cosh(x \pm y) = \cosh x \cosh y \pm \sinh x \sinh y$ (단, 복부호 동순)

증명 예제 1의 풀이와 같은 방법으로 유도되므로 연습문제로 남긴다. ■

예제 2 $\sinh x_0 = -2$일 때, 정리 6.12를 이용하여 나머지 다섯 가지 쌍곡선함수들의 값을 구하라.

풀이 $\cosh^2 x - \sinh^2 x = 1$로부터, $\cosh^2 x_0 = 5$이고 $\cosh x_0 > 0$이므로 $\cosh x_0 = \sqrt{5}$ 이다. 따라서, 쌍곡선함수의 정의로부터

$$\tanh x = \frac{\sinh x}{\cosh x} = \frac{-2}{\sqrt{5}},\quad \operatorname{csch} x = \frac{1}{\sinh x} = -\frac{1}{2}$$

$$\operatorname{sech} x = \frac{1}{\cosh x} = \frac{1}{\sqrt{5}},\quad \coth x = \frac{1}{\tanh x} = -\frac{\sqrt{5}}{2}$$ ◀

이제, 쌍곡선함수의 도함수에 대하여 알아보자.

[정리 6.13] (1) $(\sinh x)' = \cosh x$

(2) $(\cosh x)' = \sinh x$

(3) $(\tanh x)' = \operatorname{sech}^2 x$

(4) $(\operatorname{csch} x)' = -\operatorname{csch} x \coth x$

(5) $(\operatorname{sech} x)' = -\operatorname{sech} x \tanh x$

(6) $(\coth x)' = -\operatorname{csch}^2 x$

증명 (1) $(\sinh x)' = \left(\dfrac{e^x - e^{-x}}{2}\right)' = \dfrac{(e^x)' - (e^{-x})'}{2} = \dfrac{e^x + e^{-x}}{2} = \cosh x$

나머지 공식도 같은 방법으로 쉽게 증명되므로 연습문제로 남긴다. ■

예제 3 다음에서 $\dfrac{dy}{dx}$를 구하라.

(1) $y = \tanh(\sin x)$　　　(2) $y = \cosh^2(3x - 1)$

풀이 (1) $y=\tanh(\sin x)$에서 합성함수의 미분법을 이용하면

$$\frac{dy}{dx} = \mathrm{sech}^2(\sin x) \cdot \frac{d}{dx}(\sin x) = \cos x \cdot \mathrm{sech}^2(\sin x)$$

(2) $y=\cosh^2(3x-1)$에서 합성함수의 미분법을 이용하면

$$\begin{aligned}\frac{dy}{dx} &= 2\cosh(3x - 1) \cdot \frac{d}{dx}(\cosh(3x - 1)) \\ &= 2\cosh(3x - 1) \cdot \sinh(3x - 1) \cdot \frac{d}{dx}(3x - 1) \\ &= 6\cosh(3x - 1)\sinh(3x - 1)\end{aligned}$$

◀

정리 6.13을 이용하여, 다음과 같은 기본형의 부정적분 공식을 얻는다.

$$\int \sinh x\,dx = \cosh x + C \qquad \int \cosh x\,dx = \sinh x + C$$

$$\int \mathrm{sech}^2 x\,dx = \tanh x + C \qquad \int \mathrm{csch}^2 x\,dx = -\coth x + C$$

$$\int \mathrm{sech}\,x \tanh x\,dx = -\mathrm{sech}\,x + C \qquad \int \mathrm{csch}\,x \coth x\,dx = -\mathrm{csch}\,x + C$$

예제 4 부정적분 $\int \tanh x\,dx$를 구하라

풀이
$$\begin{aligned}\int \tanh x\,dx &= \int \frac{\sinh x}{\cosh x}dx = \int \frac{(\cosh x)'}{\cosh x}dx \\ &= \ln|\cosh x| + C = \ln(\cosh x) + C\end{aligned}$$

◀

연습문제 (6.4)

1. 정리 6.12에 있는 등식 (1)~(8)을 증명하라.

2. 정리 6.13에 있는 도함수 공식 (2)~(6)을 증명하라.

3. 다음과 같이 한 점 x_0에서 쌍곡선함수의 값이 주어졌을 때, 정리 6.12를 이용하여 나머지 다섯가지 쌍곡선함수들의 값을 구하라.

(1) $\cosh x_0 = \frac{5}{4}$ (단, $x_0 > 0$)

(2) $\tanh x_0 = -\frac{4}{5}$

(3) $\coth x_0 = 2$

(4) $\operatorname{sech} x_0 = \frac{15}{17}$ (단, $x_0 > 0$)

4. 다음 등식을 증명하라.

(1) $\cosh 2x = 2\sinh^2 x + 1$

(2) $\tanh(x + y) = \dfrac{\tanh x + \tanh y}{1 + \tanh x \tanh y}$

(3) $\sinh\alpha + \sinh\beta = 2\sinh\dfrac{\alpha + \beta}{2}\cosh\dfrac{\alpha - \beta}{2}$

(4) $\cosh\alpha + \cosh\beta = 2\cosh\dfrac{\alpha + \beta}{2}\cosh\dfrac{\alpha - \beta}{2}$

5. 다음에서 $\dfrac{dy}{dx}$를 구하라.

(1) $y = \cosh(x^4)$

(2) $y = \sinh(3x + 5)$

(3) $y = \ln(\tanh 2x)$

(4) $y = \coth(\ln x)$

(5) $y = \operatorname{sech}(e^{2x})$

(6) $y = \operatorname{csch}\left(\dfrac{1}{x^2}\right)$

6. 다음 정적분을 구하라.

$$\int_1^2 \frac{\sinh x}{3 + \cosh x}\,dx$$

7

여러 가지 적분법

미분과 적분은 자연과학 뿐 아니라 공학, 경제학, 그리고 의학에 이르기까지 쓰이지 않는 곳이 없다고 해도 과언이 아니다. 다항함수의 미분과 적분을 토대로 여러 가지 미분법을 배웠으나 실제로 적분이 필요한 함수는 매우 복잡하며 이들을 적분하기 위하여 여러 가지 적분법이 요구된다.

이 장에서는 적분의 기본개념과 다항함수 및 기본형의 초월함수들에 대한 적분법을 바탕으로 기본형이 아닌 함수들에 대한 적분법을 다룬다. 특히 여러 가지 적분법에서 가장 중요한 적분법인 치환적분법과 부분적분법에 대하여 공부한다.

7.1 치환적분법

함수 $F(x)$의 도함수가 $f(x)$일 때, 즉 $F'(x)=f(x)$이면 함수 $f(x)$의 부정적분을 다음과 같이 나타낸다.

$$\int f(x)dx = F(x) + C$$

이때, 함수 $f(x)$의 한 부정적분 $F(x)$를 구하는 것을 함수 $f(x)$를 **적분한다**고 하고, $f(x)$의 역도함수가 $F(x)$임을 5장에서 배웠다. 그런데 $\int x^2 dx$와 같이 적분할 함수의 역도함수를 미분공식으로부터 쉽게 알 수 있는 경우와 $\int x \sin x\, dx$와 같이 그렇지 않은 경우가 있다. 이 책에서는 전자를 기본형이라 하고, 후자를 기본형이 아닌 형이라고 하겠다. 많이 쓰이는 기본형의 예는 다음과 같다.

$$\int x^n dx = \frac{x^{n+1}}{n+1} + C \quad (\text{단}, n \neq -1)$$

$$\int e^x dx = e^x + C$$

$$\int \sin x\, dx = -\cos x + C$$

$$\int \cos x\, dx = \sin x + C$$

$$\int \sec^2 x\, dx = \tan x + C$$

$$\int \csc^2 x\, dx = -\cot x + C$$

이 절에서는 위와 같은 기본형이 아닌 형의 부정적분을 구하는 방법 중에서 치환적분법에 대하여 알아본다. 기본형이 아닌 형의 부정적분을 구하기 위해서는 치환방법을 이용하여 기본형으로 변형시킨다. 물론 치환 방법을 통하여 기본형으로 변형될 수 없는 함수들도 많이 있다. 여기서는 치환 방법을 통하여 기본형으로 변형될 수 있는 함수들만을 다루기로 한다.

치환적분법은 이미 배운 합성함수의 미분법으로부터 유도된다. 만일 함수 F와 함수 g가 미분가능한 함수이면 합성함수의 미분법에 의하여 $(F \circ g)'(x) = F'(g(x))g'(x)$가 됨을 알 수 있다. 즉, 함수 $F(g(x))$가 $F'(g(x))g'(x)$의 한 부정적분이 되며, 부정

적분의 정의에 의하여

$$\int F'(g(x))g'(x)dx = F(g(x)) + C$$

로 표현할 수 있다.

이제, 함수 $g(x)$를 중간변수 $u=g(x)$로 치환하면 위 식은

$$\int F'(u)\frac{du}{dx}dx = F(u) + C$$

로 나타낼 수 있다. 만일, $F'(u)=f(u)$이면 $\int f(u)du=F(u)+C$가 되므로 다음 식을 얻을 수 있다.

$$\int f(u)\frac{du}{dx}dx = \int f(u)du \tag{1}$$

이와 같이 적당한 치환에 의하여 $\int f(u)du$가 기본형이 되도록 하여 적분하는 방법을 치환적분법이라 한다.

치환적분법을 적용하려면 적분할 함수에서 미분 $\dfrac{du}{dx}=g'(x)$인 함수 $u=g(x)$를 찾아야 한다.

예제 1 다음 부정적분을 구하고, 미분함으로써 그 결과를 확인하라.

(1) $I = \int \sqrt{x+3}dx$

(2) $I = \int 2x\sqrt{x^2+1}dx$

풀이 (1) $x+3$과 그의 미분인 1이 적분할 함수에 있음을 알 수 있다. 이때, $u=x+3$으로 두면

$$I = \int \sqrt{x+3}\cdot 1\,dx = \int \sqrt{u}\cdot\frac{du}{dx}dx$$

가 되며, 식 (1)에 의하여 다음을 얻는다.

$$\int \sqrt{u}\cdot\frac{du}{dx}dx = \int \sqrt{u}\,du = \frac{2}{3}u^{\frac{3}{2}} + C$$

$$\therefore I = \frac{2}{3}(x+3)^{\frac{3}{2}} + C$$

한편, 다음과 같이 합성함수의 미분법에 의하여 위의 결과를 확인할 수 있다.

$$\frac{d}{dx}\left[\frac{2}{3}(x+3)^{\frac{3}{2}}+C\right]=\frac{2}{3}\cdot\frac{3}{2}(x+3)^{\frac{1}{2}}\cdot\frac{d}{dx}(x+3)$$
$$=\sqrt{x+3}$$

(2) x^2+1과 그의 미분인 $2x$가 적분할 함수에 있음을 알 수 있다. 이때, $u=x^2+1$로 두면

$$I=\int\sqrt{x^2+1}\cdot 2xdx=\int\sqrt{u}\cdot\frac{du}{dx}dx$$

가 되며, 식 (1)에 의하여 다음을 얻는다.

$$\int\sqrt{u}\cdot\frac{du}{dx}dx=\int\sqrt{u}\,du=\frac{2}{3}u^{\frac{3}{2}}+C$$
$$\therefore\ I=\frac{2}{3}(x^2+1)^{\frac{3}{2}}+C$$

한편, 다음과 같이 합성함수의 미분법에 의하여 위의 결과를 확인할 수 있다.

$$\frac{d}{dx}\left[\frac{2}{3}(x^2+1)^{\frac{3}{2}}+C\right]=\frac{2}{3}\cdot\frac{3}{2}(x^2+1)^{\frac{1}{2}}\frac{d}{dx}(x^2+1)$$
$$=2x\sqrt{x^2+1}$$ ◀

그러나 부정적분에 있어서 종종 적분할 함수에 중간변수의 미분이 숨겨져 있을 경우가 있다. 이와 같은 경우에도 다음 예제에서 보는 바와 같이 치환적분법을 쓸 수 있다.

예제 2 다음 부정적분을 구하라.

(1) $I=\int\sin 3x\,dx$

(2) $I=\int\cos^2 x\sin x\,dx$

풀이 (1) $I=\int\sin 3x\,dx=\int\frac{1}{3}\sin 3x(3)dx$이고 $u=3x$라 하면 $\frac{du}{dx}=3$이다.

$$\therefore\ I=\int\frac{1}{3}\sin u\frac{du}{dx}dx=\frac{1}{3}\int\sin u\,du=-\frac{1}{3}\cos u+C$$
$$=-\frac{1}{3}\cos 3x+C$$

(2) $I=\int\cos^2 x\sin x\,dx=\int(-\cos^2 x)(-\sin x)dx$이고 $u=\cos x$라 하면 $\frac{du}{dx}=-\sin x$이다.

$$\therefore\ I = \int -u^2\frac{du}{dx}dx = \int -u^2du = -\frac{u^3}{3} + C$$
$$= -\frac{1}{3}\cos^3 x + C \quad ◀$$

일반적으로 치환적분법은 다음과 같은 순서로 적분한다.

(1) 적분할 함수를 $f(u)\dfrac{du}{dx}$ 형태로 쓴다.

(2) $\int f(u)\dfrac{du}{dx}dx = \int f(u)du$를 적용한다.

(3) $\int f(u)du$를 계산하고 u를 x의 표현으로 바꾼다.

예제 3 다음 부정적분을 구하라.

(1) $I = \int x^2\sin(x^3)dx$

(2) $I = \int \dfrac{x^2}{x^3+5}dx$

풀이 (1) $u=x^3$이라 하면, $\dfrac{du}{dx}=3x^2$이고 $x^2=\dfrac{1}{3}\dfrac{du}{dx}$이다.

$$\therefore\ I = \int \frac{1}{3}\sin u\frac{du}{dx}dx = \frac{1}{3}\int \sin u\frac{du}{dx}dx = \frac{1}{3}\int \sin u du$$
$$= -\frac{1}{3}\cos u + C = -\frac{1}{3}\cos(x^3) + C$$

(2) $u=x^3+5$라 하면, $\dfrac{du}{dx}=3x^2$이다.

$$\therefore\ I = \int \frac{1}{3(x^3+5)}3x^2dx = \frac{1}{3}\int\frac{1}{u}\frac{du}{dx}dx = \frac{1}{3}\int\frac{1}{u}du$$
$$= \frac{1}{3}\ln|u| + C = \frac{1}{3}\ln|x^3+5| + C \quad ◀$$

예제 4 $I=\int \sin^2 2x\cos 2x\,dx$를 구하라.

풀이 $u=2x$라 하면, $\dfrac{du}{dx}=2$이므로 다음이 성립한다.

$$I=\int\sin^2 u\cos u\cdot\frac{1}{2}\frac{du}{dx}dx=\frac{1}{2}\int\sin^2 u\cos u\,du$$

여기서 다시 한번 치환적분법을 사용한다.

이제, $s=\sin u$라 하면, $\dfrac{ds}{du}=\cos u$이므로

$$\begin{aligned} I &= \frac{1}{2}\int \sin^2 u \cos u\, du = \frac{1}{2}\int s^2 \frac{ds}{du} du \\ &= \frac{1}{2}\int s^2 ds = \frac{1}{2}\cdot\frac{1}{3}s^3 + C \\ &= \frac{s^3}{6} + C \end{aligned}$$

이다. 또한, $s=\sin u$이고 $u=2x$이므로 다음을 얻는다.

$$I = \frac{\sin^3 u}{6} + C = \frac{\sin^3 2x}{6} + C$$ ◀

함수 $f(x)$의 부정적분 $F(x)$를 구할 때 자주 이용되는 유용한 두가지 치환은 다음과 같다.

(1) $u=x+a$ (단, a는 상수)라 치환한다. 이때, $\dfrac{du}{dx}=1$이므로 다음이 성립한다.

$$\int f(x+a)dx = F(x+a) + C$$

(2) $u=bx$ (단, b는 상수)라 치환한다. 이때, $\dfrac{du}{dx}=b$이므로 다음이 성립한다.

$$\int f(bx)dx = \frac{1}{b}F(bx) + C$$

예제 5 다음 부정적분을 구하라.

(1) $I = \int \sec^2(x+7)dx$

(2) $I = \int (x+1)^3 dx$

(3) $I = \int \cos 10x\, dx$

풀이 (1) $u=x+7$이라 하면 $I=\int \sec^2 u\, du=\tan u+C$ 이다.

$\therefore I = \tan(x+7) + C$

(2) $u=x+1$이라 하면 $I=\int u^3 du=\dfrac{u^4}{4}+C$ 이다.

$\therefore I = \dfrac{(x+1)^4}{4} + C$

(3) $u=10x$라 하면 $I=\int \cos u\, du=\sin u+C$ 이다.

$\therefore\ I = \frac{1}{10}\sin 10x + C$ ◀

미분표현(differential notation)을 이용하면 치환적분법을 좀더 기계적으로 쉽게 할 수 있다. 실제로는 $\frac{du}{dx}$가 분수는 아니지만, 미분표현을 이용하면 $\frac{du}{dx}=g'(x)$를 $dx=\frac{du}{g'(x)}$로 쓸 수 있다. 따라서 $u=g(x)$라 하면

$$\int h(x)dx = \int \frac{h(x)}{g'(x)}du \tag{2}$$

로 쓸 수 있다. 이제 어떤 함수 f에 대하여 $\frac{h(x)}{g'(x)}=f(u)$로 표현할 수 있다고 하자. 그러면 식 (2)는 다음과 같이 쓸 수 있다.

$$\int f(g(x))g'(x)dx = \int f(u)du$$

이것은 우리가 지금까지 해왔던 치환적분법의 형태이다.

예제 6 다음 부정적분을 구하라.

(1) $I = \int \frac{x^4 + 2}{(x^5 + 10x)^5}dx$

(2) $I = \int \frac{1}{x^2}e^{\frac{1}{x}}dx$

(3) $I = \int xe^{x^2+1}dx$

풀이 (1) $u=x^5+10x$라 하면 $dx=\frac{du}{5x^4+10}$이다.

$$\therefore\ I = \int \frac{x^4 + 2}{u^5}\cdot\frac{du}{5x^4 + 10} = \int \frac{1}{5}\frac{du}{u^5}$$

$$= \frac{1}{5}\left(-\frac{1}{4}u^{-4}\right) + C = -\frac{1}{20(x^5 + 10x)^4} + C$$

(2) $u=\frac{1}{x}$이라 하면 $dx=-x^2du$이다.

$$\therefore\ I = \int\left(\frac{1}{x^2}\right)e^u(-x^2du) = -\int e^u du$$

$$= -e^u + C = -e^{\frac{1}{x}} + C$$

(3) $u=x^2+1$이라 하면 $dx=\frac{1}{2x}du$이다.

$$\therefore\ I=\int xe^u\frac{1}{2x}du=\frac{1}{2}\int e^u du$$
$$=\frac{1}{2}e^u+C=\frac{1}{2}e^{x^2+1}+C$$ ◀

미분표현을 이용한 치환적분법을 다음과 같이 정리할 수 있다. 치환을 이용하여 $\int h(x)dx$를 계산할 때,

(1) 새로운 변수 $u=g(x)$를 정하고 $\frac{du}{dx}=g'(x)$를 통하여 미분 dx를 얻는다.

(2) (1)에서 얻은 dx를 부정적분에 대입하고 적분할 함수를 u의 함수로 바꾼다.

(3) 새로운 부정적분 $\int f(u)du$를 계산하고, 그 결과를 x의 함수로 표현한다.

예제 7 다음 부정적분을 구하라.

(1) $I = \int \cos x[\cos(\sin x)]dx$

(2) $I = \int \frac{\sqrt{1+\ln x}}{x}dx$

(3) $I = \int \frac{x^2+2x}{\sqrt[3]{x^3+3x^2+1}}dx$

풀이 (1) $u=\sin x$라 하면 $dx=\frac{du}{\cos x}$이다.

$$\therefore\ I = \int \cos x \cos u \frac{du}{\cos x}$$
$$= \int \cos u du = \sin u + C = \sin(\sin x) + C$$

(2) $u=1+\ln x$라 하면 $dx=xdu$이다.

$$\therefore\ I = \int \frac{\sqrt{u}}{x}xdu = \int \sqrt{u}\,du$$
$$= \frac{2}{3}u^{\frac{3}{2}} + C = \frac{2}{3}(1+\ln x)^{\frac{3}{2}} + C$$

(3) $u=x^3+3x^2+1$이라 하면 $dx=\frac{du}{3x^2+6x}$이다.

$$\therefore\ I = \int \frac{1}{\sqrt[3]{u}}\frac{x^2+2x}{3x^2+6x}du = \frac{1}{3}\int \frac{1}{\sqrt[3]{u}}du$$
$$= \frac{1}{3}\cdot\frac{3}{2}u^{\frac{2}{3}} + C = \frac{1}{2}(x^3+3x^2+1)^{\frac{2}{3}} + C$$ ◀

예제 8 다음 부정적분을 구하라.

(1) $I = \int e^{\cos x} \sin x \, dx$

(2) $I = \int \tan x \, dx$

풀이 (1) $u = \cos x$라 하면 $dx = -\dfrac{du}{\sin x}$이다.

$$\therefore I = \int e^u \sin x \frac{-du}{\sin x} = -\int e^u du$$
$$= -e^u + C$$
$$= -e^{\cos x} + C$$

(2) $\tan x = \dfrac{\sin x}{\cos x}$임을 이용하자.

$u = \cos x$라 하면 $dx = -\dfrac{du}{\sin x}$이다.

$$\therefore I = \int \frac{\sin x}{\cos x} dx = \int \frac{\sin x}{u} \frac{-du}{\sin x}$$
$$= -\int \frac{1}{u} du = -\ln|u| + C$$
$$= -\ln|\cos x| + C$$

◀

치환적분법을 이용하여 계산할 수 있는 또 다른 몇 가지 형태를 다음의 예들에서 볼 수 있다.

예제 9 $\left(\int \sin^m x \cos^n x \, dx\right.$ 형태의 적분$\left.\right)$ 다음 부정적분을 구하라.

(1) $I = \int \sin^3 x \cos^4 x \, dx$

(2) $I = \int \cos^3 x \, dx$

풀이 (1) $u = \cos x$라 하면 $dx = -\dfrac{du}{\sin x}$이다.

$$\therefore I = \int u^4 \sin^3 x \frac{-du}{\sin x} = -\int u^4 \sin^2 x \, du$$
$$= -\int u^4 (1 - u^2) du = \int (u^6 - u^4) du$$
$$= \frac{u^7}{7} - \frac{u^5}{5} + C$$
$$= \frac{\cos^7 x}{7} - \frac{\cos^5 x}{5} + C$$

(2) $u=\sin x$라 하면 $dx=\dfrac{du}{\cos x}$이다.

$$\therefore I = \int \cos^3 x \frac{du}{\cos x} = \int (1-u^2)du$$
$$= u - \frac{u^3}{3} + C$$
$$= \sin x - \frac{\sin^3 x}{3} + C$$ ◀

예제 10 $\left(\int \tan^m x \sec^n x\, dx\right.$ 형태의 적분$\Big)$ 다음 부정적분을 구하라.

(1) $I = \int \tan^3 x \sec^5 x\, dx$

(2) $I = \int \sec^6 x\, dx$

풀이 (1) $u=\sec x$라 하면 $dx=\dfrac{du}{\sec x \tan x}$이다.

$$\therefore I = \int u^5 \tan^3 x \frac{du}{\sec x \tan x} = \int u^4 \tan^2 x\, du$$
$$= \int u^4(u^2-1)du = \int (u^6 - u^4)du$$
$$= \frac{u^7}{7} - \frac{u^5}{5} + C$$
$$= \frac{\sec^7 x}{7} - \frac{\sec^5 x}{5} + C$$

(2) $u=\tan x$라 하면 $dx=\dfrac{du}{\sec^2 x}$이다.

$$\therefore I = \int \sec^6 x \frac{du}{\sec^2 x} = \int \sec^4 x\, du$$
$$= \int (1+u^2)^2 du = \int (u^4 + 2u^2 + 1)du$$
$$= \frac{u^5}{5} + \frac{2}{3}u^3 + u + C$$
$$= \frac{\tan^5 x}{5} + \frac{2}{3}\tan^3 x + \tan x + C$$ ◀

예제 11 $\left(\int f(x, \sqrt{px^2+qx+r})dx\right.$ 형태의 적분$\Big)$ 다음 부정적분을 구하라.

(1) $I = \int \sqrt{4-x^2}\, dx$

(2) $I = \int \dfrac{\sqrt{x^2-9}}{x} dx$

풀이 (1) $x=2\sin t\left(\text{단, } -\frac{\pi}{2} \le t \le \frac{\pi}{2}\right)$라 하면 $dx=2\cos t\,dt$이고 $\sqrt{4-x^2}=2\cos t$ 이다.

$$\therefore I = 4\int \cos^2 t\,dt = 4\int \frac{1+\cos 2t}{2}dt$$
$$= 2\left(t + \frac{\sin 2t}{2}\right) + C$$

(2) $x=3\sec t\ \left(\text{단, } 0 \le t \le \frac{\pi}{2}\right)$라 하면, $dx=3\sec t\tan t\,dt$이고

$\sqrt{x^2-9}=3\tan t$이다.

$$\therefore I = 3\int \tan^2 t\,dt = 3\int (\sec t^2 - 1)dt$$
$$= 3(\tan t - t)+C$$

◀

지금까지 치환을 이용하여 여러 가지 부정적분을 구하는 방법인 치환적분법에 대하여 공부했다. 이제 치환적분법을 이용하여 정적분의 값을 구하여 보자. 미적분학의 기본정리를 이용하여 정적분의 값을 구할 수 있다. 미적분학의 기본정리를 이용하여 정적분을 계산할 때, 위의 치환적분법을 사용할 수 있다.

만일 $F'(u)=f(u)$이면, 함수 $F(g(x))$는 $f(g(x))g'(x)$의 부정적분이 되므로 미적분학의 기본정리에 의하여

$$\int_a^b f(g(x))g'(x)dx = F(g(b)) - F(g(a))$$

가 된다. 또한 $F(g(b))-F(g(a))=\int_{g(a)}^{g(b)} f(u)du$ 이므로 다음과 같은 식을 얻을 수 있다.

$$\int_a^b f(g(x))g'(x)dx = \int_{g(a)}^{g(b)} f(u)du$$

여기서, $g(a)$와 $g(b)$는 각각 $x=a$, $x=b$ 일 때의 $u=g(x)$의 값이다.

예제 12 다음 두 가지 방법으로 $I=\int_0^2 xe^{x^2}dx$를 구하라.

(1) xe^{x^2}의 부정적분을 이용

(2) 치환적분법을 이용

풀이 $u=x^2$이라 하면 $dx=\frac{du}{2x}$이므로,

$$\int xe^{x^2}dx = \int e^u x\frac{du}{2x} = \frac{1}{2}\int e^u du = e^u + C = \frac{1}{2}e^{x^2} + C$$

이다. 따라서 다음을 얻는다.

(1) $I = \left[\frac{1}{2}e^{x^2}\right]_0^2 = \frac{1}{2}(e^4 - e^0) = \frac{1}{2}(e^4 - 1)$

(2) $x=0$일 때 $u=0$이고, $x=2$일 때 $u=4$이므로

$$\begin{aligned} I &= \frac{1}{2}\int_0^4 e^u du = \left[\frac{1}{2}e^u\right]_0^4 = \frac{1}{2}(e^4 - e^0) \\ &= \frac{1}{2}(e^4 - 1) \end{aligned}$$ ◀

적분할 함수가 무리함수, 삼각함수, 또는 지수함수 등을 포함한 경우의 적분을 구할 때에도 치환적분법을 이용하면 편리하다.

예제 13 다음 적분을 구하라.

(1) $I = \int_0^1 \sqrt{2x + 7}\,dx$

(2) $I = \int_0^{\frac{\pi}{4}} \cos 2x\,dx$

풀이 (1) $u=2x+7$이라 하면 $dx=\frac{1}{2}du$이다.

또한, $x=0$ 일 때 $u=7$이고, $x=1$일 때 $u=9$이다.

$$\begin{aligned} \therefore\ I &= \int_7^9 \sqrt{u}\cdot\frac{1}{2}du = \left[\frac{1}{2}\cdot\frac{2}{3}u^{\frac{3}{2}}\right]_7^9 \\ &= \frac{27-7\sqrt{7}}{3} \end{aligned}$$

(2) $u=2x$라 하면 $dx=\frac{1}{2}du$이다.

또한 $x=0$일 때 $u=0$이고, $x=\frac{\pi}{4}$일 때 $u=\frac{\pi}{2}$이다.

$$\begin{aligned} \therefore\ I &= \frac{1}{2}\int_0^{\frac{\pi}{2}} \cos u\,du = \left[\frac{1}{2}\sin u\right]_0^{\frac{\pi}{2}} \\ &= \frac{1}{2} \end{aligned}$$ ◀

예제 14 다음 적분을 구하라.

(1) $I = \int_0^1 \frac{e^x}{1 + e^x}dx$

(2) $I = \int_1^5 \frac{x}{x^4 + 10x^2 + 25}dx$

풀이 (1) $u=1+e^x$라 하면 $dx=\dfrac{du}{e^x}$이다.

또한 $x=0$일 때 $u=2$이고, $x=1$일 때 $u=1+e$이다.

$$\therefore\ I = \int_2^{1+e} \frac{1}{u}du = [\ln u]_2^{1+e}$$
$$= \ln\left(\frac{1+e}{2}\right)$$

(2) $u=x^2+5$라 하면 $dx=\dfrac{du}{2x}$이다.

또한, $x=1$일 때 $u=6$이고, $x=5$일 때 $u=30$이다.

$$\therefore\ I = \frac{1}{2}\int_6^{30} \frac{du}{u^2} = \left[\frac{1}{2}\left(-\frac{1}{u}\right)\right]_6^{30} = \frac{1}{15}$$ ◀

이제, 치환적분법의 응용으로 도형의 넓이를 구하는 문제를 살펴보자.

예제 15 타원 $\dfrac{x^2}{a^2}+\dfrac{y^2}{b^2}=1$ (단, $a>b>0$)의 넓이 A를 구하라.

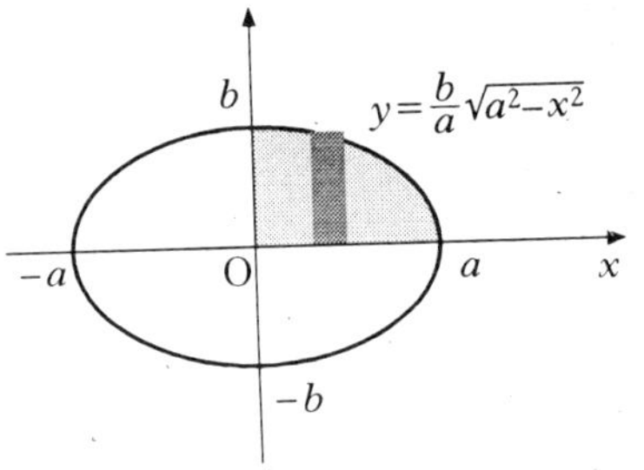

[그림 7-1]

풀이 타원 $\dfrac{x^2}{a^2}+\dfrac{y^2}{b^2}=1$에서 $y=\pm b\sqrt{1-\dfrac{x^2}{a^2}}$이다.

따라서 타원의 넓이 A는 다음과 같다.

$$A = 2\int_{-a}^{a} b\sqrt{1-\frac{x^2}{a^2}}dx$$

이제, $u=\dfrac{x}{a}$라 하면 $dx=a\,du$이다.

또한 $x=-a$일 때 $u=-1$이고, $x=a$일 때 $u=1$이므로

$$A = 2\int_{-1}^{1} b\sqrt{1-u^2}\,a\,du = 2ab\int_{-1}^{1}\sqrt{1-u^2}\,du$$

이다. 여기에서 정적분 $\int_{-1}^{1}\sqrt{1-u^2}\,du$는 반지름의 길이가 1인 반원의 넓이이므로 $\dfrac{\pi}{2}$임을 알 수 있다.

$$\therefore\ A = 2ab\cdot\frac{\pi}{2}=\pi ab$$ ◀

연습문제 (7.1)

1. 주어진 치환을 이용하여, 다음 부정적분을 구하라.

(1) $\int 2x(x^2+4)^{3/2}dx$; $u = x^2+4$

(2) $\int \frac{2x^7+1}{(x^8+4x-1)^2}dx$; $u = x^8+4x-1$

(3) $\int \frac{\sec^2 x}{\tan^3 x}dx$; $u = \tan x$

(4) $\int e^{\sin x}\cos x\,dx$; $u = \sin x$

(5) $\int \frac{1}{3\cos^2 2x}dx$; $u = 2x$

2. 치환적분법을 이용하여, 다음 부정적분을 구하라.

(1) $\int (x+1)\cos(x^2+2x)dx$

(2) $\int \frac{x^3}{\sqrt{x^4+2}}dx$

(3) $\int \frac{x^{\frac{1}{3}}}{(x^{\frac{4}{3}}+1)^{\frac{3}{2}}}dx$

(4) $\int 2x\sin x^2\cos^3(x^2)dx$

(5) $\int \sin(x+4)dx$

(6) $\int (5x^4+1)(x^5+x)^{100}dx$

(7) $\int \frac{x+1}{\sqrt{x^2+2x+3}}dx$

(8) $\int \frac{e^x-e^{-x}}{e^x+e^{-x}}dx$

(9) $\int \frac{x}{1+3x^2}dx$

(10) $\int \frac{x+1}{x^2+2x+10}dx$

(11) $\int \frac{e^x+1}{e^x+x}dx$

(12) $\int \frac{1}{\sqrt{4-x}}dx$

(13) $\int x(x^2+5)^8dx$

(14) $\int \sin x(\cos x+5)^7dx$

3. 다음 정적분을 구하라.

(1) $\int_{-1}^{1}\sqrt{x+2}\,dx$

(2) $\int_0^2 x\sqrt{x^2+1}\,dx$

(3) $\int_2^4 (x+1)(x^2+2x+1)^{\frac{5}{4}}dx$

(4) $\int_1^3 \frac{3x}{(x^2+5)^2}dx$

(5) $\int_1^2 \frac{x^2+1}{x}dx$

(6) $\int_0^{\frac{\pi}{6}} \sin(3x+\pi)dx$

(7) $\int_{-\frac{2}{\pi}}^{\frac{2}{\pi}} 5\cos^2 x \sin x\, dx$

(8) $\int_0^{\sqrt{\pi}} x\sin(x^2)dx$

(9) $\int_0^{\frac{\pi}{4}} \frac{\tan^3 x}{\cos 2x}dx$

(10) $\int_1^3 \frac{dx}{5-x}$

(11) $\int_1^4 x\sqrt{x^2+4}\,dx$

(12) $\int_0^2 \frac{x}{(1+x^2)^2}dx$

4. 부정적분 $\int \sin x \cos x\, dx$를 다음 방법으로 각각 구하고, 그 결과를 비교하라.

(1) 치환 $u = \sin x$를 이용

(2) 치환 $u = \cos x$를 이용

(3) 항등식 $\sin 2x = 2\sin x \cos x$를 이용

5. 부정적분 $\int 4x(x^2+1)dx$를 다음 두 가지 방법으로 구하고, 그 결과를 비교하라.

(1) 전개한 후 역도함수를 이용

(2) 치환 $u = x^2+1$을 이용

6. 정적분 $\int_0^{\frac{\pi}{4}} (\cos^2 x - \sin^2 x)dx$를 다음 두 가지 방법으로 구하라.

(1) 치환 $u = \cos x + \sin x$를 이용

(2) 항등식 $\cos^2 x - \sin^2 x = \cos 2x$를 이용

7. 치환 $u=\sin x$ 또는 $u=\cos x$와 항등식 $\cos^2 x+\sin^2 x=1$을 이용할 때, 어떤 정수 m, n에 대하여 부정적분 $\int \sin^m x \cos^n x\, dx$를 구할 수 있는지 말하라.

7.2 부분적분법

이 절에서는 기본형이 아닌 형을 적분하는 주요한 두 가지 방법인 치환적분법과 부분적분법 중에서 후자에 대하여 알아본다. 치환적분에서는 합성함수의 미분법이 이용되었으나 부분적분법에서는 두 함수의 곱에 대한 미분법을 이용하게 되며, 그 방법은 치환적분법과 유사하다.

예제 1 다음 부정적분을 구하라.

(1) $I = \int xe^x dx$

(2) $I = \int x\cos x\, dx$

풀이 (1) 도함수가 xe^x인 함수를 찾아야 한다. 두 함수의 곱에 대한 미분을 생각하면 우선 xe^x로 추측할 수 있다. 왜냐하면 이 함수를 미분하면 두개의 항을 얻을 수 있고 그 중의 한 항이 xe^x임을 알 수 있기 때문이다. 그러나

$$\frac{d}{dx}(xe^x) = \frac{d}{dx}(x) \cdot e^x + x \cdot \frac{d}{dx}e^x = e^x + xe^x$$

이 되어 마지막 식의 e^x항 때문에 잘못 추측되었음을 알 수 있다. 따라서 e^x항을 제거할 수 있는 다른 함수 $xe^x - e^x$를 시도해 볼 수 있다. 이제,

$$\frac{d}{dx}(xe^x - e^x) = \frac{d}{dx}(xe^x) - \frac{d}{dx}e^x = e^x + xe^x - e^x = xe^x$$

이므로 $I = xe^x - e^x + C$ 임을 알 수 있다.

(2) 역도함수를 $x\sin x$로 추측하고 두 함수의 곱에 대한 미분법을 적용해 보자. 그러면

$$\frac{d}{dx}(x\sin x) = \frac{d}{dx}(x)\sin x + x\frac{d}{dx}\sin x = \sin x + x\cos x$$

가 된다. 여기서 $\sin x$항을 제거할 수 있는 어떤 다른 함수를 시도할 수 있는데 $\frac{d}{dx}\cos x = -\sin x$를 생각해서 $x\sin x + \cos x$를 시도해 볼 수 있다. 이제

$$\begin{aligned}\frac{d}{dx}(x\sin x + \cos x) &= \frac{d}{dx}(x\sin x) + \frac{d}{dx}\cos x \\ &= \sin x + x\cos x - \sin x = x\cos x\end{aligned}$$

이므로 $I = x\sin x + \cos x + C$ 임을 알 수 있다. ◀

위 예제에서의 과정을 다음과 같이 체계적으로 정리할 수 있다. 즉, 미분가능한 두 함수 F, G에 대하여, 곱의 미분법으로부터

$$(FG)'(x) = F'(x)G(x) + F(x)G'(x)$$

을 얻는다. 즉, 함수 $F(x)G(x)$가 $F'(x)G(x)+F(x)G'(x)$의 한 부정적분이 되므로 부정적분의 정의에 의하여

$$\int [F'(x)G(x) + F(x)G'(x)]dx = F(x)G(x) + C$$

또는

$$\int F(x)G'(x)dx = F(x)G(x) - \int F'(x)G(x)dx \qquad (3)$$

로 표현할 수 있다. 이와 같이 적분할 함수를 두 함수의 곱 $F(x)G'(x)$으로 표현하고 식 (3)을 이용하여 적분하는 방법을 **부분적분법**이라 한다.

부분적분법에서는 미분표현을 사용하여 식 (3)을 표현하면 편리할 때가 종종 있다. 이제, $u=F(x)$, $v=G(x)$라 하면 $du=F'(x)dx$, $dv=G'(x)dx$로 쓸 수 있다. 따라서 식 (3)을 다음과 같이 쓸 수 있다.

$$\int udv = uv - \int vdu \qquad (4)$$

$\int h(x)dx$를 계산하기 위한 부분적분법을 다음과 같이 정리할 수 있다.

(1) 함수 $h(x)$를 부정적분 $G(x)$를 알고 있는 $G'(x)$를 이용하여 두 함수의 곱 $F(x)G'(x)$으로 나타낸다.

(2) $F'(x)$를 구한다.

(3) 식 (3); $\int F(x)G'(x)dx=F(x)G(x)-\int F'(x)G(x)dx$를 이용한다.

또는, $u=F(x)$, $v=G(x)$라 할 때, 식 (4)를 이용한다.

이러한 부분적분법은 적분할 함수가 삼각함수, 로그함수, 그리고 지수함수를 포함할 경우에 종종 유용하게 쓰인다. 부분적분법을 쓰기 위해서는 적분할 함수를 적분이 필요한 함수 $G'(x)$와 미분이 필요한 함수 $F(x)$의 곱으로 나타내어야 하는데, 이를 위해서는 많은 연습이 필요하다.

예제 2 다음 부정적분을 구하라.

(1) $I = \int x \sin x \, dx$

(2) $I = \int x^2 \sin x \, dx$

풀이 (1) (식 (3)을 이용) $F(x)=x$, $G'(x)=\sin x$라 하면 $G(x)=-\cos x$, $F'(x)=1$이다.

$$\therefore I = -x\cos x - \int -\cos x \, dx$$
$$= -x\cos x + \sin x + C$$

(2) (식 (4)를 이용) $u=x^2$, $dv=\sin x \, dx$라 하면

$du=2x\,dx$, $v=\int dv=\int \sin x \, dx=-\cos x$ 이다.

(임의의 상수 C는 생략하고 마지막 결과에서 쓰기로 한다.)

$$\therefore I = uv - \int v du$$
$$= -x^2\cos x - \int -\cos x \cdot 2x \, dx$$
$$= -x^2\cos x + 2\int x\cos x \, dx$$
$$= -x^2\cos x + 2x\sin x + 2\cos x + C$$

마지막 등식은 예제 1 (2)의 결과를 이용했다. ◀

적분할 함수가 지수함수와 로그함수를 포함하는 경우에도 다음 예제에서와 같이 부분적분법을 이용한다.

예제 3 다음 부정적분을 구하라.

(1) $I = \int \ln x \, dx$

(2) $I = \int x^6 \ln x \, dx$

풀이 (1) $u=\ln x$, $dv=1 \cdot dx$라 하면, $du=\frac{1}{x}dx$이고 $v=\int 1\,dx=x$이다.

$$\therefore I = uv - \int v\,du = (\ln x)x - \int x\frac{dx}{x}$$
$$= x\ln x - x + C$$

(2) $u=\ln x$, $dv=x^6dx$라 하면, $du=\frac{1}{x}dx$이고, $v=\int x^6dx=\frac{1}{7}x^7$이다.

$$\therefore\ I = uv - \int v\,du = \ln x\left(\frac{1}{7}x^7\right) - \int \frac{1}{7}x^7\frac{1}{x}\,dx$$
$$= \frac{1}{7}x^7\ln x - \frac{1}{7}\int x^6\,dx$$
$$= \frac{1}{7}x^7\ln x - \frac{1}{49}x^7 + C \qquad ◀$$

적분할 함수가 삼각함수 또는 지수함수와 삼각함수를 함께 포함하는 경우의 예를 살펴보자.

예제 4 $I=\int e^x\sin x\,dx$를 구하라.

풀이 $u=\sin x,\ dv=e^x dx$라 하면, $du=\cos x\,dx$이고, $v=e^x$이다. 그러면,

$$I = uv - \int v\,du = e^x\sin x - \int e^x\cos x\,dx$$

이다. 마지막 항에서 $u=\cos x,\ dv=e^x dx$라 하고 다시 한 번 부분적분법을 쓰면,

$$\int e^x\cos x\,dx = e^x\cos x + \int e^x\sin x\,dx$$
$$= e^x\cos x + I$$

가 된다.

$$\therefore\ I = e^x\sin x - e^x\cos x - I \text{ 즉, } I = \frac{1}{2}e^x(\sin x-\cos x)+C \qquad ◀$$

예제 5 $I_n=\int \sin^n x\,dx$이라 할 때, 다음 등식이 성립함을 보여라.

$$I_n = -\frac{1}{n}\cos x\sin^{n-1}x + \frac{n-1}{n}I_{n-2}\ (\text{단, } n \geq 2)$$

풀이 $I_n=\int \sin^{n-1}x\sin x\,dx$로 변형하고 $u=\sin^{n-1}x,\ dv=\sin x\,dx$라 하면

$du=(n-1)\sin^{n-2}x\cos x\,dx$ 이고 $v=\int \sin x\,dx=-\cos x$이다. 따라서 부분적분법에 의하여 다음을 얻는다.

$$I_n = (-\cos x)\sin^{n-1}x - \int(-\cos x)(n-1)\sin^{n-2}x\cos x\,dx$$
$$= (-\cos x)\sin^{n-1}x + (n-1)\int \sin^{n-2}x\cos^2 x\,dx$$
$$= (-\cos x)\sin^{n-1}x + (n-1)\int \sin^{n-2}x(1-\sin^2 x)dx$$
$$= (-\cos x)\sin^{n-1}x + (n-1)\left[\int \sin^{n-2}x\,dx - \int \sin^n x\,dx\right]$$

$$= (-\cos x)\sin^{n-1}x + (n-1)I_{n-2} - (n-1)I_n$$

$$\therefore I_n = -\frac{1}{n}\cos x \sin^{n-1}x + \frac{n-1}{n}I_{n-2} \text{ (단, } n \geq 2)$$ ◀

같은 방법으로 부정적분 $I_n=\int \cos^n x\, dx$가 다음 등식을 만족함을 보일 수 있다. (연습문제 8 (2)참조).

$$I_n = \frac{\cos^{n-1}x \sin x}{n} + \frac{n-1}{n}I_{n-2} \text{ (단, } n \geq 2)$$

이제 부분적분법을 이용하여 역함수의 적분에 대한 식을 얻는 방법을 생각해 보자. 미분가능하고, 역함수를 갖는 함수 $f(x)$를 $f(x)=1 \cdot f(x)$라 쓰고 그 역함수를 g라 하자. 그러면

$$\int f(x)dx = \int 1 \cdot f(x)dx = xf(x) - \int xf'(x)dx$$

이다. 이때, 새로운 변수 $y=f(x)$를 생각하면, $x=g(y)$이고

$$\int f(x)dx = xy - \int x\, dy$$

이다. 즉

$$\int f(x)dx = xf(x) - \int g(y)dy \tag{5}$$

이다. 식 (5)에서 함수 $f(x)$의 역함수의 부정적분을 알 수 있으면 함수 $f(x)$의 부정적분을 쉽게 구할 수 있음을 알 수 있다.

변수 $y=f(x)$를 사용하면, 식 (5)는 다음과 같다.

$$\int y\, dx = xy - \int x\, dy \tag{6}$$

예제 6 식 (6)을 이용하여, $I=\int \ln x\, dx$를 구하라.

풀이 함수 $x=e^y$의 역함수 $y=\ln x$를 생각하자. 그러면 식 (6)으로부터

$$I = xy - \int e^y dy = x\ln x - e^y + C = x\ln x - x + C$$

가 되어 예제3의 (1)과 같은 결과를 얻을 수 있다. ◀

위의 내용을 다음과 같이 부정적분을 이용하여 나타낼 수 있다. 함수 $G(y)$를 함수

$g(y)$의 한 부정적분이라 하면 함수 $f(x)$의 한 부정적분 $F(x)$는 다음과 같다.

$$F(x) = xf(x) - G(f(x))$$

예제 7 $I=\int\sqrt{\sqrt{x}+1}\,dx$를 구하라.

풀이 $y=\sqrt{\sqrt{x}+1}$라 하면 $y^2=\sqrt{x}+1$, $\sqrt{x}=y^2-1$이고 $x=(y^2-1)^2$이다.

$$\begin{aligned}\therefore\ I &= xy - \int x\,dy \\ &= x\sqrt{\sqrt{x}+1} - \int(y^4 - 2y^2 + 1)dy \\ &= x\sqrt{\sqrt{x}+1} - \frac{1}{5}y^5 + \frac{2}{3}y^3 - y + C \\ &= x\sqrt{\sqrt{x}+1} - \frac{1}{5}(\sqrt{x}+1)^{\frac{5}{2}} + \frac{2}{3}(\sqrt{x}+1)^{\frac{3}{2}} - (\sqrt{x}+1)^{\frac{1}{2}}+C\end{aligned}$$ ◀

다음 예제와 같이 몇몇 특수한 함수의 부정적분에서도 역시 부분적분법을 이용하여 적분할 수 있다.

예제 8 $I=\int x^7(x^4+1)^{\frac{2}{3}}dx$를 구하라.

풀이 $u=\frac{x^4}{4}$, $dv=4x^3(x^4+1)^{\frac{2}{3}}dx$라 하면 $du=x^3dx$이고 $v=\frac{3}{5}(x^4+1)^{\frac{5}{3}}$이다. 그러면,

$$I = uv - \int v\,du = \frac{3}{20}x^4(x^4+1)^{\frac{5}{3}} - \frac{3}{5}\int x^3(x^4+1)^{\frac{5}{3}}dx$$

이다. 마지막 항에서 $w=(x^4+1)$이라 하면,

$$\int x^3(x^4+1)^{\frac{5}{3}}dx = \frac{3}{32}(x^4+1)^{\frac{8}{3}} + C$$

이다.

$$\begin{aligned}\therefore\ I &= \frac{3x^4}{20}(x^4+1)^{\frac{5}{3}} - \frac{9}{160}(x^4+1)^{\frac{8}{3}} + C \\ &= \frac{3}{160}(x^4+1)^{\frac{5}{3}}(5x^4-3) + C\end{aligned}$$ ◀

이제, 부분적분법과 미적분학의 기본정리를 이용하여 부분적분법을 이용한 정적분을 계산하여 보자.

예제 9 다음 적분을 구하라.

(1) $I = \int_{-\frac{\pi}{2}}^{\frac{\pi}{2}} x \sin x \, dx$

(2) $I = \int_{0}^{10} xe^{-x} dx$

풀이 (1) 예제 2에서, $\int x \sin x \, dx = -x \cos x + \sin x + C$ 이다.

$$\therefore I = [-x \cos x + \sin x]_{-\frac{\pi}{2}}^{\frac{\pi}{2}}$$
$$= \left(-\frac{\pi}{2}\cos\frac{\pi}{2} + \sin\frac{\pi}{2}\right) - \left\{\left(\frac{\pi}{2}\cos\left(-\frac{\pi}{2}\right) + \sin\left(-\frac{\pi}{2}\right)\right)\right\}$$
$$= 2$$

(2) $u=x$, $dv=e^{-x}dx$라 하면, $du=dx$이고 $v=-e^{-x}$이다.

$$\therefore I = [-xe^{-x}]_0^{10} + \int_0^{10} e^{-x} dx$$
$$= -10e^{-10} + [-e^{-x}]_0^{10}$$
$$= -11e^{-10} + 1$$

◀

예제 10 다음 적분을 구하라.

(1) $I = \int_0^{\ln 2} e^x \ln(e^x + 1) dx$

(2) $I = \int_1^e \sin(\ln x) dx$

풀이 (1) $u=e^x+1$이라 치환하면 $x=0$일 때 $u=2$이고, $x=\ln 2$일 때 $u=3$이므로

$$\int_0^{\ln 2} e^x \ln(e^x + 1) dx = \int_2^3 \ln u \, du$$

이다. 또한, 예제 3에서 $\int \ln u \, du = u \ln u - u + C$ 이므로 다음을 얻는다.

$$I = [u \ln u - u]_2^3 = 3 \ln 3 - 2 \ln 2 - 1$$

(2) $u=\ln x$라 치환하면 $x=1$일 때 $u=0$이고, $x=e$일 때 $u=1$이므로

$$\int_1^e \sin(\ln x) dx = \int_0^1 (\sin u) e^u du$$

이다. 또한, 예제 4에서

$$\int e^u \sin u\, du = \frac{1}{2} e^u (\sin u - \cos u) + C$$

이므로 다음을 얻는다.

$$I = \left[\frac{1}{2} e^u (\sin u - \cos u)\right]_0^1 = \frac{e}{2}\left(\sin 1 - \cos 1 + \frac{1}{e}\right)$$ ◀

마지막으로, 부분적분법을 이용하여 $\int_0^{\frac{\pi}{2}} \sin^n x\, dx$, $\int_0^{\frac{\pi}{2}} \cos^n x\, dx$ 의 값을 구하여 보자. 우리가 이미 예제 5에서 유도한 식을 이용하면

$$\begin{aligned}\int_0^{\frac{\pi}{2}} \sin^n x\, dx &= \left[-\frac{1}{n} \cos x \sin^{n-1} x\right]_0^{\frac{\pi}{2}} + \frac{n-1}{n} [I_{n-2}]_0^{\frac{\pi}{2}} \\ &= \frac{n-1}{n} [I_{n-2}]_0^{\frac{\pi}{2}}\end{aligned}$$

이므로 다음과 같은 식을 얻을 수 있다.

$$\int_0^{\frac{\pi}{2}} \sin^n x\, dx = \begin{cases} \dfrac{n-1}{n} \cdot \dfrac{n-3}{n} \cdot \cdots \cdot \dfrac{2}{3} \cdot I_1 & (\text{단, } n\text{이 홀수}) \\ \dfrac{n-1}{n} \cdot \dfrac{n-3}{n} \cdot \cdots \cdot \dfrac{1}{2} \cdot I_0 & (\text{단, } n\text{이 짝수}) \end{cases} \tag{7}$$

여기서 I_0와 I_1은 다음과 같다.

$$I_0 = \int_0^{\frac{\pi}{2}} \sin^0 x\, dx = [x]_0^{\frac{\pi}{2}} = \frac{\pi}{2}$$

$$I_1 = \int_0^{\frac{\pi}{2}} \sin x\, dx = [-\cos x]_0^{\frac{\pi}{2}} = 1$$

예제 11 식 (7)를 이용하여, 다음 적분을 구하라.

(1) $I_6 = \int_0^{\frac{\pi}{2}} \sin^6 x\, dx$

(2) $I_7 = \int_0^{\frac{\pi}{2}} \sin^7 x\, dx$

풀이 (1) $I_6 = \dfrac{1 \cdot 3 \cdot 5}{2 \cdot 4 \cdot 6} \cdot \dfrac{\pi}{2} = \dfrac{5\pi}{32}$

(2) $I_7 = \dfrac{2 \cdot 4 \cdot 6}{3 \cdot 5 \cdot 7} \cdot 1 = \dfrac{16}{35}$ ◀

예제 12 $I=\int_0^{\frac{\pi}{2}} \cos^2 x\, dx$를 다음 두 가지 방법으로 구하라.

(1) 부분적분법을 이용

(2) 등식 $\int \cos^n x\, dx = \frac{\cos^{n-1} x \sin x}{n} + \frac{n-1}{n}\int \cos^{n-2} x\, dx$를 이용

풀이 (1) $u=\cos x$, $dv=\cos x\, dx$라 하면 $du=-\sin x\, dx$이고 $v=\sin x$이다. 부분적분법에 의하여

$$\int \cos^2 x\, dx = \cos x \sin x + \int \sin^2 x\, dx = \cos x \sin x + \int (1 - \cos^2 x) dx$$

이므로 $\int \cos^2 x\, dx = \frac{1}{2}\cos x \sin x + \frac{1}{2}x + C$ 이다.

$$\therefore\ I = \left[\frac{1}{2}\cos x \sin x + \frac{1}{2}x\right]_0^{\frac{\pi}{2}} = \frac{\pi}{4}$$

(2) $n=2$이므로

$$\int \cos^2 x\, dx = \frac{\cos x \sin x}{2} + \frac{1}{2}\int 1\, dx = \frac{1}{2}\cos x \sin x + \frac{1}{2}x + C$$

$$\therefore\ I = \left[\frac{1}{2}\cos x \sin x + \frac{1}{2}x\right]_0^{\frac{\pi}{2}} = \frac{\pi}{4}$$ ◀

연습문제 (7.2)

1. 부분적분법을 이용하여, 다음 부정적분을 구하라.

(1) $\int (x+1)\cos x\,dx$ $\qquad$ $\int x^2 \cos x\,dx$

2. 부분적분법을 이용하여, 다음 부정적분을 구하라.

(1) $\int (x+2)e^x\,dx$ $\qquad$ (2) $\int \ln(10x)\,dx$

(3) $\int x^2 \ln x\,dx$ $\qquad$ (4) $\int x^2 e^{3x}\,dx$

(5) $\int \tan x \ln(\cos x)\,dx$ $\qquad$ (6) $\int \frac{\ln x}{x^2}\,dx$

3. 부정적분 $\int \sin x \cos x\,dx$를 다음 두 가지 방법으로 구하고, 결과를 비교하라.

(1) 부분적분법 ($u=\sin x$, $dv=\cos x\,dx$) $\qquad$ (2) 치환적분법 ($u=\sin x$)

4. 다음 정적분을 구하라.

(1) $\int_1^3 x \ln x\,dx$ $\qquad$ (2) $\int_1^5 \ln x\,dx$

5. 다음 정적분을 구하라.

(1) $\int_3^5 x\cos x\,dx$ $\qquad$ (2) $\int_0^{\frac{\pi}{5}} (8+5x)(\sin 5x)\,dx$

6. 부분적분법을 이용하여, 다음 등식이 성립함을 보여라(단, $n \geqq 2$).

(1) $\int x^n e^x\,dx = x^n e^x - n\int x^{n-1} e^x\,dx$

(2) $\int \cos^n x\,dx = \frac{\cos^{n-1} x \sin x}{n} + \frac{n-1}{n}\int \cos^{n-2} x\,dx$

(3) $\int x^n \sin ax\,dx = -\frac{1}{a}x^n \cos ax + \frac{n}{a}\int x^{n-1}\cos ax\,dx$

(4) $\int x^n \cos ax\,dx = \frac{1}{a}x^n \sin ax - \frac{n}{a}\int x^{n-1}\sin ax\,dx$

부 록

1. 삼각함수의 공식

[덧셈정리]

1. $\sin(\alpha\pm\beta)=\sin\alpha\cos\beta\pm\cos\alpha\sin\beta$(단, 복부호 동순)
2. $\cos(\alpha\pm\beta)=\cos\alpha\cos\beta\mp\sin\alpha\sin\beta$(단, 복부호 동순)
3. $\tan(\alpha+\beta)=\dfrac{\tan\alpha+\tan\beta}{1-\tan\alpha\tan\beta}$, $\tan(\alpha-\beta)=\dfrac{\tan\alpha-\tan\beta}{1+\tan\alpha\tan\beta}$

[배각 · 반각공식]

1. $\sin 2\alpha=2\sin\alpha\cos\beta$

   $\cos 2\alpha=\cos^2\alpha-\sin^2\alpha=1-2\sin^2\alpha=2\cos^2\alpha-1$

   $\tan 2\alpha=\dfrac{2\tan\alpha}{1-\tan^2\alpha}$

2. $\sin^2\dfrac{\theta}{2}=\dfrac{1-\cos\theta}{2}$, $\cos^2\dfrac{\theta}{2}=\dfrac{1+\cos\theta}{2}$, $\tan^2\dfrac{\theta}{2}=\dfrac{1-\cos\theta}{1+\cos\theta}$

[삼각함수의 합성]

a, b가 0이 아닌 실수일 때

$$a\sin\theta+b\cos\theta=\sqrt{a^2+b^2}\sin(\theta+\alpha)\ \left(\text{단, } \sin\alpha=\frac{b}{\sqrt{a^2+b^2}},\ \cos\alpha=\frac{a}{\sqrt{a^2+b^2}}\right)$$

[곱을 합 · 차로 고치는 공식]

1. $\sin\alpha\cos\beta=\dfrac{1}{2}\{\sin(\alpha+\beta)+\sin(\alpha-\beta)\}$

2. $\cos\alpha\sin\beta=\frac{1}{2}\{\sin(\alpha+\beta)-\sin(\alpha-\beta)\}$

3. $\cos\alpha\cos\beta=\frac{1}{2}\{\cos(\alpha+\beta)+\cos(\alpha-\beta)\}$

4. $\sin\alpha\sin\beta=-\frac{1}{2}\{\cos(\alpha+\beta)-\cos(\alpha-\beta)\}$

[합 · 차를 곱으로 고치는 공식]

1. $\sin A+\sin B=2\sin\frac{A+B}{2}\cos\frac{A-B}{2}$

2. $\sin A-\sin B=2\cos\frac{A+B}{2}\sin\frac{A-B}{2}$

3. $\cos A+\cos B=2\cos\frac{A+B}{2}\cos\frac{A-B}{2}$

4. $\cos A-\cos B=-2\sin\frac{A+B}{2}\sin\frac{A-B}{2}$

[삼각방정식의 일반해]

1. $\sin x=a$의 한 특수해가 α이면 $x=n\pi+(-1)^n\alpha$ (단, n은 정수)
2. $\cos x=a$의 한 특수해가 α이면 $x=2n\pi\pm\alpha$ (단, n은 정수)
3. $\tan x=a$의 한 특수해가 α이면 $x=n\pi+\alpha$ (단, n은 정수)

2. 미분공식

다음 이 공식에 나오는 u, v 등은 x에 대하여 미분가능한 함수이다.

[A. 대수함수의 미분]

1. $\frac{d}{dx}(c)=0$ (단, c는 상수)

2. $\frac{d}{dx}(u^n)=nu^{n-1}\cdot\frac{du}{dx}$

3. $\frac{d}{dx}(cu)=c\cdot\frac{du}{dx}$

4. $\frac{d}{dx}(uv)=u\frac{dv}{dx}+v\frac{du}{dx}$

5. $\frac{d}{dx}\left(\frac{u}{v}\right)=\frac{v\frac{du}{dx}-u\frac{dv}{dx}}{v^2}$ (단, $v\neq0$)

[B. 삼각함수의 미분]

6. $\frac{d}{dx}(\sin u) = \cos u \frac{du}{dx}$

7. $\frac{d}{dx}(\cos u) = -\sin u \frac{du}{dx}$

8. $\frac{d}{dx}(\tan u) = \sec^2 u \frac{du}{dx}$

9. $\frac{d}{dx}(\cot u) = -\csc^2 u \frac{du}{dx}$

10. $\frac{d}{dx}(\sec u) = \sec u \tan u \frac{du}{dx}$

11. $\frac{d}{dx}(\csc u) = -\csc u \cot u \frac{du}{dx}$

[C. 역삼각함수의 미분]

12. $\frac{d}{dx}(\sin^{-1} u) = \frac{1}{\sqrt{1-u^2}} \frac{du}{dx}$

13. $\frac{d}{dx}(\cos^{-1} u) = -\frac{1}{\sqrt{1-u^2}} \frac{du}{dx}$

14. $\frac{d}{dx}(\tan^{-1} u) = \frac{1}{\sqrt{1+u^2}} \frac{du}{dx}$

15. $\frac{d}{dx}(\cot^{-1} u) = -\frac{1}{\sqrt{1+u^2}} \frac{du}{dx}$

16. $\frac{d}{dx}(\sec^{-1} u) = -\frac{1}{u\sqrt{u^2-1}} \frac{du}{dx}$

17. $\frac{d}{dx}(\csc^{-1} u) = -\frac{1}{u\sqrt{u^2-1}} \frac{du}{dx}$

[D. 초월함수의 미분]

18. $\frac{d}{dx}(\log_a u) = \frac{1}{u} \log_a e \frac{du}{dx}$ (단, $a > 0$, $a \neq 1$)

19. $\frac{d}{dx}(a^u) = a^u \ln a \frac{du}{dx}$(단, $a > 0$)

20. $\frac{d}{dx}(\ln u) = \frac{1}{u} \frac{du}{dx}$

21. $\frac{d}{dx}(e^u) = e^u \frac{du}{dx}$

[E. 쌍곡선함수의 미분]

22. $\frac{d}{dx}(\sinh u) = \cosh u \frac{du}{dx}$

23. $\frac{d}{dx}(\cosh u) = \sinh u \frac{du}{dx}$

24. $\frac{d}{dx}(\tanh u) = \sinh^2 u \frac{du}{dx}$

25. $\frac{d}{dx}(\coth u) = -\mathrm{csch}^2 u \frac{du}{dx}$

26. $\frac{d}{dx}(\mathrm{sech}\, u) = -\mathrm{sech}\, u \tanh u \frac{du}{dx}$

27. $\frac{d}{dx}(\mathrm{csch}\, u) = -\mathrm{csch}\, u \coth u \frac{du}{dx}$

[F. 역쌍곡선함수의 미분]

28. $\frac{d}{dx}(\sinh^{-1}u) = \frac{1}{\sqrt{1-u^2}}\frac{du}{dx}$

29. $\frac{d}{dx}(\cosh^{-1}u) = \frac{1}{\sqrt{u^2-1}}\frac{du}{dx}$ (단, $u > 1$)

30. $\frac{d}{dx}(\tanh^{-1}u) = \frac{1}{1-u^2}\frac{du}{dx}$ (단, $u^2 < 1$)

31. $\frac{d}{dx}(\coth^{-1}u) = \frac{-1}{1-u^2}\frac{du}{dx}$ (단, $u > 1$)

32. $\frac{d}{dx}(\text{sech}^{-1}u) = \frac{-1}{u\sqrt{1-u^2}}\frac{du}{dx}$ (단, $0 < u < 1$)

33. $\frac{d}{dx}(\text{csch}^{-1}u) = \frac{-1}{|u|\sqrt{1+u^2}}\frac{du}{dx}$

3. 적분공식

적분공식에서 다음과 같은 두 표기 방법은 같다.

1. $$\begin{cases} \ln(u+\sqrt{u^2+a^2}),\ \sinh^{-1}\left(\frac{u}{a}\right) \\ \ln(u+\sqrt{u^2-a^2}),\ \cosh^{-1}\left(\frac{u}{a}\right) \\ \frac{1}{2}\ln\frac{a+u}{a-u},\ \tanh^{-1}\frac{u}{a}\ \left(\text{단, } \frac{a+u}{a-u} > 0\text{일 때}\right) \\ \text{또는 } \coth^{-1}\frac{u}{a}\ \left(\text{단, } \frac{a+u}{a-u} < 0\text{일 때}\right) \end{cases}$$

[A. 기본형]

2. $\int d[f(x)] = f(x) + C$

3. $\int a\,du = a\int du$

4. $\int (du + dv + dw + \cdots) = \int du + \int dv + \int dw + \cdots$

5. $\int u^n du = \frac{u^{n+1}}{n+1} + C$ (단, $n \neq -1$)

6. $\int \frac{du}{u} = \ln u + C$

7. $\int u\,dv = uv - \int v\,du$

8. $\int (ax^{\alpha} + bx^{\beta} + \cdots)dx = \frac{a}{\alpha+1}x^{\alpha+1} + \frac{b}{\beta+1}x^{\beta+1} + \cdots$

[B. $ax+b$꼴의 유리형식]

9. $\int (ax+b)^n dx = \frac{1}{a(n+1)}(ax+b)^{n+1}$

10. $\int \frac{dx}{ax+d} + b = \frac{1}{a}\ln(ax+b)$

11. $\int \frac{dx}{x(ax+b)} = \frac{1}{b}\ln\frac{x}{ax+b}$

12. $\int \frac{dx}{x^2(ax+b)} = -\frac{1}{bx} + \frac{a}{b^2}\ln\frac{ax+b}{x}$

13. $\int \frac{x\,dx}{ax+b} = \frac{x}{a} - \frac{b}{a^2}\ln(ax+b)$

14. $\int \frac{x^2dx}{ax+b} = \frac{1}{a^3}\left[\frac{1}{2}(ax+b)^2 - 2b(ax+b) + b^2\ln(ax+b)\right]$

15. $\int \frac{x\,dx}{(ax+b)^2} = \frac{b}{a^2(ax+b)} + \frac{1}{a^2}\ln(ax+b)$

16. $\int \frac{x^2dx}{(ax+b)^2} = \frac{1}{a^3}\left[(ax+b) - 2b\ln(ax+b) - \frac{b^2}{ax+b}\right]$

17. $\int \frac{dx}{x(ax+b)^2} = \frac{1}{b(ax+b)} - \frac{1}{b^2}\ln\frac{ax+b}{x}$

18. $\int \frac{x\,dx}{(ax+b)^3} = \frac{1}{a^2}\left[\frac{-1}{ax+b} + \frac{b}{2(ax+b)^2}\right]$

19. $\int \frac{x^2dx}{(ax+b)} = \frac{1}{a^3}\left[\ln(ax+b) + \frac{2b}{ax+b} - \frac{b^2}{2(ax+b)^2}\right]$

20. $\int x(ax+b)^n dx = \frac{1}{a^2(c+2)}(ax+b)^{n+2} - \frac{b}{a^2(c+1)}(ax+b)^{n+1}$

$n=-1$일 때 식 13, $n=-2$일 때 식 15를 사용할 것

21. $\int x^2(ax+b)^n dx=\frac{1}{a^3}\left[\frac{(ax+b)^{n+3}}{n+3}-2b\frac{(ax+b)^{n+2}}{n+2}+b^2\frac{(ax+b)^{n+1}}{n+1}\right]$

$n=-1$일 때 식 14, $n=-2$일 때 식 16,

$c=-3$일 때 식 19를 사용할 것

[C. $\sqrt{ax+b}$를 포함하는 형]

22. $\int x\sqrt{ax+b}\,dx=\frac{2}{15a^2}(ax+b)^{\frac{3}{2}}(3ax)-2b$

23. $\int x^2\sqrt{ax+b}\,dx=\frac{2}{105a^3}(ax+b)^{\frac{3}{2}}(15a^2x^2-12abx+8b^2)$

24. $\int\frac{\sqrt{ax+b}}{x}dx=2\sqrt{ax+b}+\sqrt{b}\ln\frac{\sqrt{ax+b}-\sqrt{b}}{\sqrt{ax+b}+\sqrt{b}}$ (단, $b>0$)

25. $\int\frac{\sqrt{ax+b}}{x}dx=2\sqrt{ax+b}-2\sqrt{-b}\tan^{-1}\frac{\sqrt{ax+b}}{-b}$ (단, $b<0$)

26. $\int\frac{dx}{x\sqrt{ax+b}}=\frac{1}{\sqrt{b}}\ln\frac{\sqrt{ax+b}-\sqrt{b}}{\sqrt{ax+b}+\sqrt{b}}$ (단, $b>0$)

27. $\int\frac{dx}{x\sqrt{ax+b}}=\frac{2}{\sqrt{-b}}\tan^{-1}\frac{\sqrt{ax+b}}{-b}$ (단, $b<0$)

28. $\int\frac{dx}{x^2\sqrt{ax+b}}=-\frac{\sqrt{ax+b}}{bx}-\frac{a}{2b}\int\frac{dx}{x\sqrt{ax+b}}$

29. $\int\frac{\sqrt{ax+b}}{\sqrt{px+q}}dx$

$px+q=z^2$으로 놓고 67, 또 식 68을 사용할 것

[D. $\int x^m(ax+b)^m dx$의 점화공식]

30. $\int x^m(ax+b)^n dx$

(a)$=\frac{1}{(m+1)b}$

$\left[x^{m+1}(ax+b)^{n+1}-(m+n+2)a\int(ax+b)^n x^{n+1}dx\right]$

(단, $m+1=0$ 일 때는 31, 32를 사용)

(b) $= \dfrac{1}{(c+1)b}$

$$\left[-x^{m+1}(ax+b)^{n+1}-(m+c+2)\int x^m(ax+b)^{n+1}dx\right]$$

(단, $n+1=0$이면 $z=ax+b$로 놓고 31, 32를 사용)

(c) $= \dfrac{1}{(m+n+1)a}$

$$\left[x^m(ax+b)^{n+1}-mb\int x^{m-1}(ax+b)^{n+1}dx\right]$$

($m+c+1=0$이면 33, 34를 사용)

(d) $= \dfrac{1}{(m+n+1)}$

$$\left[x^{m+1}(ax+b)^n-cb\int x^m(ax+b)^{n-1}dx\right]$$

(단, $m+n+1=0$이면 33, 34를 사용)

31. $\displaystyle\int \frac{(ax+b)^n}{x}dx=\frac{(ax+b)^n}{n}+b\int \frac{(ax+b)^{n-1}}{x}dx$

32. $\displaystyle\int \frac{(ax+b)^n}{x}dx=\frac{-(ax+b)^{n+1}}{b(n+1)}+\frac{1}{b}\int \frac{(ax+b)^{n+1}}{x}dx$

33. $\displaystyle\int \frac{(ax+b)^m}{x^{m+1}}dx=\frac{-(ax+b)^n}{mx^m}+a\int \frac{(ax+b)^{n-1}}{x^m}dx$

34. $\displaystyle\int \frac{(ax+b)^m}{x^{m+1}}dx=\frac{(ax+b)^{m+1}}{a(m+1)x^{m+1}}+\frac{1}{a}\int \frac{(ax+b)^{m+1}}{x^{m+2}}dx$

[E. $a^2 \pm u^2$과 u^2-a^2를 포함하는 형]

35. $\displaystyle\int \frac{du}{a^2+u^2}=\frac{1}{a}\tan^{-1}\frac{u}{a}$

36. $\displaystyle\int \frac{du}{a^2-u^2}=\frac{1}{2a}\ln\frac{a+u}{a-u}$ 또는 $\dfrac{1}{a}\tanh^{-1}\dfrac{u}{a}$ 또는 $\dfrac{1}{a}\coth^{-1}\dfrac{u}{a}$

37. $\displaystyle\int \frac{udu}{a+bu^2}=\frac{1}{2b}\ln(a+bu^2)$

38. $\displaystyle\int (a+bu^2)^n udu=\frac{1}{2(c+1)b}(a+bu^2)^{n+1}$

39. $\displaystyle\int \frac{du}{\sqrt{a^2-u^2}}=\sin^{-1}\frac{u}{a}$

40. $\int \frac{du}{\sqrt{a^2 \pm u^2}} = \ln(u+\sqrt{u^2 \pm a^2})$

41. $\int \frac{du}{u\sqrt{a^2-u^2}} - \frac{1}{a}\ln\left(\frac{a+\sqrt{a^2-u^2}}{u}\right)$ 또는 $-\frac{1}{a}\cosh^{-1}\frac{a}{u}$

42. $\int \frac{du}{u\sqrt{u^2-a^2}} = \frac{1}{a}\sec^{-1}\frac{u}{a}$

43. $\int \frac{du}{u\sqrt{a^2+u^2}} = -\frac{1}{a}\ln\left(\frac{a+\sqrt{u^2-a^2}}{u}\right)$ 또는 $-\frac{1}{a}\sinh^{-1}\frac{a}{u}$

44. $\int \frac{du}{u^2\sqrt{a^2-u^2}} = \frac{\sqrt{a^2-u^2}}{a^2u}$

45. $\int \frac{du}{u^2\sqrt{u^2 \pm a^2}} = \frac{\sqrt{u^2 \pm a^2}}{\mp a^2u}$

46. $\int \frac{u^2du}{x\sqrt{a^2-u^2}} = -\frac{u}{2}\sqrt{a^2-u^2} + \frac{a^2}{2}\sin^{-1}\frac{u}{a}$

47. $\int \frac{u^2du}{\sqrt{u^2 \pm u^2}} = \frac{u}{a}\sqrt{u^2 \pm a^2} \mp \frac{a^2}{2}\ln(u+\sqrt{u^2+a^2})$

48. $\int \sqrt{a^2-u^2}\,du = \frac{u}{2}\sqrt{u^2-a^2} \pm \frac{a^2}{2}\sin^{-1}\frac{u}{a}$

49. $\int \sqrt{u^2a^2}\,du = \frac{u}{2}\sqrt{u^2 \pm a^2} \pm \frac{a^2}{2}\ln(u+\sqrt{u^2 \pm a^2})$

50. $\int u^2\sqrt{a^2-u^2}\,du = -\frac{u}{4}(a^2-u^2)^{\frac{3}{2}} + \frac{a^2}{4}\int \sqrt{a^2 \pm u^2}\,du$

51. $\int u^2\sqrt{u^2+a^2}\,du = \frac{u}{4}(u^2 \pm a^2)^{\frac{3}{2}} \pm \frac{a^2}{4}\int \sqrt{u^2 \pm a^2}\,du$

52. $\int \frac{\sqrt{a^2-u^2}}{u}du = \sqrt{a^2-u^2} - a\ln\left(\frac{a+\sqrt{a^2-u^2}}{u}\right)$

53. $\int \frac{\sqrt{u^2-a^2}}{u}du = \sqrt{u^2+a^2} - a\ln\left(\frac{a+\sqrt{a^2+u^2}}{u}\right)$

54. $\int \frac{\sqrt{u^2-a^2}}{u}du = \sqrt{u^2-a^2} - a\sec^{-1}\frac{u}{a}$

55. $\int \frac{\sqrt{a^2-u^2}}{u^2}du = \sqrt{a^2-u^2} - \sin^{-1}\frac{u}{a}$

56. $\int \frac{\sqrt{u^2 \pm a^2}}{u^2}du = -x\frac{\sqrt{u^2 \pm a^2}}{u} + \ln(u+\sqrt{u^2 \pm a^2})$

57. $\int \frac{du}{au^2+b^{\frac{3}{2}}} = \frac{u}{b\sqrt{au^2+b}}$

58. $\int \sqrt{2au-u^2}\,du = \frac{u-a}{2}\sqrt{2au-u^2} + \frac{a^2}{2}\cos^{-1}\left(1-\frac{u}{a}\right)$

59. $\int \sqrt{2au+u^2}\,du = \frac{u+a}{2}\sqrt{2au+u^2}$

$-\frac{a^2}{2}\ln(u+a+\sqrt{2au+u^2})$

60. $\int \frac{du}{\sqrt{2au-u^2}} = \cos^{-1}\left(1-\frac{u}{a}\right)$

61. $\int \frac{du}{\sqrt{2au+u^2}} = \ln(u+a+\sqrt{2au+u^2}$

62. $\int u^m(2au\pm u^2)^n du = \int u^{m+n}(2a\pm u)^n du$ (30의 특수형)

[F. ax^2+b를 포함하는 형]

63. $\int \frac{dx}{ax+b} = \frac{1}{\sqrt{ab}}\tan^{-1}\left(\frac{x\sqrt{ab}}{b}\right)$ $(ab>0)$

$= \frac{1}{2\sqrt{-ab}}\ln\frac{x\sqrt{a}-\sqrt{-b}}{x\sqrt{a}+\sqrt{-a}}$ $(a>0,\ b<0)$

$= \frac{1}{2\sqrt{-ab}}\ln\frac{\sqrt{b}+\sqrt{-a}}{\sqrt{b}-x\sqrt{-a}}$ $(ab<0)$

$= \frac{1}{\sqrt{-ab}}\tanh^{-1}\frac{x\sqrt{-ab}}{\sqrt{b}}$ $(ab<0)$

64. $\int (ax^2+b)^n x\,dx = \frac{1}{2a}\frac{(ax^2+b)^{n+1}}{n+1}$

65. $\int \frac{x\,dx}{ax^2+b} = \frac{1}{2a}\ln(ax^2+b)$

66. $\int \frac{dx}{x(ax^2+b)} = \frac{1}{2b}\ln\frac{x^2}{ax^2+b}$

67. $\int \sqrt{ax^2+b}\,dx = \frac{x}{2}\sqrt{ax^2+b} + \frac{b}{2\sqrt{a}}\ln(x\sqrt{a}+\sqrt{ax^2+b}$ $(a>0)$

68. $\int \sqrt{ax^2+b}\,dx = \frac{x}{2}\sqrt{ax^2+b} + \frac{b}{2\sqrt{-a}}\sin^{-1}\left(x\sqrt{-\frac{a}{b}}\right)$ $(a<0)$

69. $$\int \frac{dx}{\sqrt{ax^2+b}} = \frac{1}{\sqrt{-a}} \sin^{-1}\left(x\sqrt{-\frac{a}{b}}\right) \quad (a<0)$$

$$\left.\begin{aligned} &= \frac{1}{\sqrt{a}} \sinh^{-1}\left(x\sqrt{\frac{a}{b}}\right) \\ &= \frac{1}{\sqrt{a}} \cosh^{-1}\left(x\sqrt{-\frac{a}{b}}\right) \\ &= \frac{1}{\sqrt{a}} \ln(\sqrt{a}x+\sqrt{ax^2+b}) \end{aligned}\right\} (a>0)$$

70. $$\int \sqrt{ax^2+b}\, x\, dx = \frac{1}{3a}(ax^2+b)^{\frac{3}{2}}$$

71. $$\int \frac{x\, dx}{x\sqrt{ax^2+b}} = \frac{1}{a}\sqrt{ax^2+b}$$

72. $$\int \frac{\sqrt{ax^2+b}}{x} dx = \sqrt{ax^2+b} + \sqrt{b} \ln \frac{\sqrt{ax^2+b}-\sqrt{b}}{x} \quad (b>0)$$

73. $$\int \frac{\sqrt{ax^2+b}}{x} dx = \sqrt{ax^2+b} - \sqrt{-b} \tan^{-1} \frac{\sqrt{ax^2+b}}{\sqrt{-b}} \quad (b<0)$$

74. $$\int \frac{dx}{x\sqrt{ax^2+b}} = \frac{1}{\sqrt{b}} \ln \frac{\sqrt{ax^2+b}-\sqrt{b}}{x} \quad (b>0)$$

75. $$\int \frac{dx}{x\sqrt{ax^2+b}} = \frac{1}{\sqrt{-b}} \sec^{-1}\left(x\sqrt{-\frac{a}{b}}\right) \quad (b<0)$$

76. $$\int \frac{dx}{(ax^2+b)^{\frac{3}{2}}} = \frac{x}{x\sqrt{ax^2+b}}$$

77. $$\int \frac{dx}{(ax^2+b)^{\frac{3}{2}}} = \frac{1}{b}(ax^2+b)^{\frac{3}{2}} + \frac{1}{b}\int \frac{dx}{x\sqrt{ax^2+b}}$$

78. $$\int x^m(ax^2+b)^n dx$$

$$(a) = \frac{x^{m-1}(ax^2+b)^{n+1} - b(m-1)\int x^{m-2}(ax^2+b)^n dx}{(2n+m+1)a}$$

($2n+m+1=0$이면 79, 80 사용)

$$(b) = \frac{x^{m+1}(ax^2+b)^{n+1} - a(2n+m+3)\int x^{m+2}(ax^2+b)^n dx}{(m+1)b}$$

($m+1=0$이면 81, 82 사용)

$$(c) = \frac{x^{m+1}(ax^2+b)^n + 2bn\int x^m(ax^2+b)^{n-1}dx}{2n+m+1}$$

$$(d) = \frac{-x^{m+1}(ax^2+b)^{n+1} + (2n+m+3)\int x^m(ax^2+b)^{n-1}dx}{2(n+1)b}$$

79. $\int \frac{(ax^2+b)^n}{x^{2n+1}}dx = \frac{-1}{2n}\ \frac{(ax^2+b)^n}{x^{2n}} + a\int \frac{(ax^2+b)^{n-1}}{x^{2n-1}}dx$

80. $\int \frac{(ax^2+b)^n}{x^{2n+1}}dx = \frac{1}{2a(n+1)}\ \frac{(ax^2+b)^{n+1}}{x^{2n+3}} + \frac{(ax^2+b)^{n+1}}{x} + \frac{1}{a}\int \frac{(ax^2+b)^{n+1}}{x^{2n+3}}dx$

81. $\int \frac{(ax^2+b)^n}{x}dx = \frac{(ax^2+b)^n}{2n} + b\int \frac{(ax^2+b)^{n-1}}{x}dx$

82. $\int \frac{(ax^2+b)^n}{x}dx = \frac{-(ax^2+b)^{n+1}}{2b(n+1)} + \frac{1}{b}\int \frac{(ax^2+b)^{n+1}}{x}dx$

[G. ax^2+bx+c를 포함하는 형]

83. $\int \frac{dx}{ax^2+bx+c} = \frac{2}{\sqrt{4ac-b^2}}\tan^{-1}\frac{2ax+b}{\sqrt{4ac-b^2}}$ $(b^2<4ac)$

84. $\int \frac{dx}{ax^2+bx+c} = \frac{2}{\sqrt{b^2-4ac}}\ln\frac{2ax+b-\sqrt{b^2-4ac}}{2ax+b+\sqrt{b^2-4ac}}$ $(b^2>4ac)$

85. $\int \frac{dx}{ax^2+bx+c} = \frac{-2}{\sqrt{b^2-4ac}}\tanh^{-1}\frac{2ax+b}{\sqrt{b^2-4ac}}$ $(b^2>4ac)$

86. $\int \frac{dx}{ax^2+bx+c} = -\frac{2}{2ax+b}$ $(b^2=4ac)$

87. $\int \frac{x\,dx}{ax^2+bx+c} = \frac{1}{2a}\ln(ax^2+bx+c) - \frac{b}{2a}\int \frac{dx}{ax+bx+c}$

88. $\int \frac{x^2dx}{ax^2+bx+c} = \frac{x}{a} - \frac{b}{2a^2}\ln(ax^2+bx+c) + \frac{b^2-2ac}{2a^2}\int \frac{dx}{ax^2+bx+c}$

89. $\int \frac{x^2dx}{ax^2+bx+c} = \frac{1}{\sqrt{a}}\ln(2ax+b+2\sqrt{a}\sqrt{ax^2+bx+c})$ $(a<0)$

90. $\int \frac{dx}{ax+bx+c} = \frac{1}{\sqrt{-a}}\sin^{-1}\frac{-2ax-b}{x\sqrt{b_c^2-4a}}$ $(a>0)$

91. $\int \sqrt{ax^2+bx+c}\,dx = \frac{2ax+b}{4a}\sqrt{ax^2+bx+c} + \frac{4ac-b^2}{8a}\int \frac{dx}{\sqrt{ax^2+bx+c}}$

92. $\int \frac{x\,dx}{\sqrt{ax^2+bx+c}} = \frac{\sqrt{ax^2+bx+c}}{a} - \frac{b}{2a}\int \frac{dx}{\sqrt{ax+bx+c}}$

93. $\int \sqrt{ax^2+bx+c}\,dx=\frac{(ax+bx+c)^{\frac{3}{2}}}{3a}-\frac{b}{2a}\int \sqrt{ax^2+bx+c}\,dx$

[H. sin ax와 cos ax를 포함하는 형]

94. $\int \sin ax\,dx=-\frac{1}{a}\cos ax$

95. $\int \sin^2 ax\,dx=\frac{x}{a}-\frac{\sin 2ax}{4a}$

96. $\int \cos ax\,dx=\frac{1}{a}\sin ax$

97. $\int \cos^2 ax\,dx=\frac{x}{2}+\frac{\sin 2ax}{4a}$

98. $\int \frac{dx}{\sin ax}=\frac{1}{a}\ln\tan\frac{ax}{2}+\frac{1}{a}\ln(\csc ax-\cot ax)$

99. $\int \frac{dx}{\cos ax}=\frac{1}{a}\ln\tan\left(\frac{ax}{2}+\frac{\pi}{4}\right)=\frac{1}{a}\ln(\tan ax+\sec ax)$

100. $\int \frac{dx}{b+c\sin ax}=\frac{-2}{a\sqrt{b^2-c^2}}\tan^{-1}\left[\sqrt{\frac{b-c}{b+c}}\tan\left(\frac{\pi}{4}-\frac{ax}{2}\right)\right]\ (b^2>c^2)$

101. $\int \frac{dx}{b+c\sin ax}=\frac{-1}{a\sqrt{c^2-b^2}}\ln\left[\frac{c+b\sin ax+\sqrt{c^2-b^2}\cos ax}{b+c\sin ax}\right]\ (c^2>b^2)$

102. $\int \frac{dx}{b+c\sin ax}=\frac{2}{a\sqrt{c^2-b^2}}\tan^{-1}\left(\frac{\sqrt{b-c}}{b+c}\tan\frac{ax}{2}\right)\ (c^2>b^2)$

103. $\int \frac{dx}{b+c\sin ax}=\frac{1}{a\sqrt{c^2-b^2}}\ln\frac{c+b\cos ax+\sqrt{c^2-b^2}\sin ax}{b+c\cos ax}\ (c^2>b^2)$

104. $\int \sin ax\sin bx\,dx=\frac{\sin(a-b)x}{2(a-b)}-\frac{\sin(a+b)x}{2(a+b)}\ (a^2\neq b^2)$

105. $\int \sin ax\cos bx\,dx=-\frac{1}{2}\left[\frac{\cos(a-b)x}{a-b}+\frac{\cos(a+b)x}{a+b}\right]\ (a^2\neq b^2)$

106. $\int \cos ax\cos bx\,dx=\frac{\sin(a-b)x}{2(a-b)}+\frac{\sin(a+b)x}{2(a+b)}\ (a^2\neq b^2)$

107. $\int \sin^n ax\,dx=-\frac{\sin^{n-1}ax\cos ax}{na}+\frac{n-1}{n}\int \sin^{n-2}ax\,dx$

108. $\int \cos^n ax\,dx=\frac{\cos^{n-1}ax\sin ax}{na}+\frac{n-1}{n}\int \cos^{n-2}ax\,dx$

109. $\int \sin^m ax \cos^n ax\, dx = \frac{\sin^{m+1} ax \cos^{n+1} ax}{a(m+c)} + \frac{n-1}{m+n} \int \sin^m ax \cos^{n-2} ax\, dx$

($m+n=0$이면 121 또는 122 사용)

110. $\int \sin^m ax \cos^n ax\, dx = -\frac{\sin^{m-1} ax \cos^{n+1} ax}{a(m+n)} + \frac{n-1}{m+n} \int \sin^{m-2} ax \cos^{n-2} ax\, dx$

($m+n=0$이면 121 또는 122 사용)

111. $\int \sin^m ax \cos^n ax\, dx = -\frac{\sin^{m+1} ax \cos^{n+1} ax}{a(n+1)} + \frac{m+n+2}{n+1} \int \sin^m ax \cos^{n+2} ax\, dx$

($m+1 \neq 0$)($m+1=0$이면 110 또는 112 사용)

112. $\int \sin^m ax \cos^n ax\, dx = \frac{\sin^{m+1} ax \cos^{n+1} ax}{a(m+1)} + \frac{m+n+2}{n+1} \int \sin^{m+2} ax \cos^n ax\, dx$

($m+1 \neq 0$)($m+1=0$이면 109 또는 111 사용)

113. $\int x \sin ax\, dx = \frac{1}{a^2} \sin ax - \frac{1}{a} x \cos ax$

114. $\int x^2 \sin ax\, dx = -\frac{x^2}{a} \cos ax + \frac{2x}{a^2} \sin ax + \frac{2}{a^3} \cos ax$

115. $\int x \cos ax\, dx = \frac{1}{a^2} \cos ax + \frac{1}{a} x \sin ax$

116. $\int x^2 \cos ax\, dx = -\frac{x^2}{a} \sin ax + \frac{2x}{a^2} \cos ax - \frac{2}{a^3} \sin ax$

117. $\int x^m \sin ax\, dx = -\frac{1}{a} x^m \cos ax + \frac{n}{a} \int x^{n-1} \cos ax\, dx$

118. $\int x^n \cos ax\, dx = \frac{1}{a} x^n \sin ax - \frac{n}{a} \int x^{n-1} \sin ax\, dx$

[I. tan ax, cot ax, sec ax, sec ax를 포함하는 형]

119. $\int \tan ax\, dx = -\frac{1}{a} \ln \cos ax = \frac{1}{a} \ln \sec ax$

120. $\int \cot ax\, dx = -\frac{1}{a} \ln \sin ax$

121. $\int \tan ax\, dx = -\frac{1}{a(n-1)} \tan^{n-1} ax - \int \tan^{n-2} ax\, dx$

122. $\int \cot ax\, dx = \frac{-1}{a(n-1)} \cot^{n-1} ax - \int \cot^{n-2} ax\, dx$

123. $\int \sec ax\, dx = \frac{1}{a} \ln \tan\left(\frac{ax}{2} + \frac{\pi}{4}\right) = \frac{1}{a} \ln(\sec ax + \tan ax)$

124. $\int \sec^2 ax\, dx = \frac{1}{a} \tan ax$

125. $\int \sec ax\, dx = \frac{1}{a} \ln \tan \frac{ax}{2} = \frac{1}{a} \ln(\csc ax - \cot ax)$

126. $\int \csc^2 ax\, dx = \frac{-1}{a} \cot ax$

127. $\int \sec^n ax\, dx = \frac{1}{a(n-1)} \frac{\sin ax}{\cos^{n-1} ax} + \frac{n-2}{n-1} \int \sec^{n-2} ax\, dx$

128. $\int \csc^n ax\, dx = -\frac{1}{a(n-1)} \frac{\cos ax}{\sin^{n-1} ax} + \frac{n-2}{n-1} \int \csc^{n02} ax\, dx$

129. $\int \tan ax \sec ax\, dx = \frac{1}{a} \sec ax$

[J. 역삼각함수의 적분]

130. $\int \sin^{-1} ax\, dx = x \sin^{-1} ax + \frac{1}{a} \sqrt{1-a^2x^2}$

131. $\int \cos^{-1} ax\, dx = x \cos^{-1} ax - \frac{1}{a} \sqrt{1-a^2x^2}$

132. $\int \tan^{-1} ax\, dx = x \tan^{-1} ax + \frac{1}{2a} \ln(1+a^2x^2)$

133. $\int \cot^{-1} ax\, dx = x \cot^{-1} ax + \frac{1}{2a} \ln(1+a^2x^2)$

134. $\int \sec^{-1} ax\, dx = x \sec^{-1} ax - \frac{1}{a} \ln(ax + \sqrt{a^2x^{2-1}}) = x \sec^{-1} ax - \frac{1}{a} \ln \cosh^{-1} ax$

135. $\int \csc^{-1} ax\, dx = x \csc^{-1} ax + \frac{1}{a} \ln(ax + \sqrt{a^2x^{2-1}}) = x \csc^{-1} ax + \frac{1}{a} \cosh^{-1} ax$

[K. 초월함수의 적분]

136. $\int e^{ax} dx = \frac{1}{a} e^{ax}$

137. $\int b^{ax} dx = \frac{b^{ax}}{a \ln b}$

138. $\int x e^{ax} dx = \frac{e^{ax}}{a^2}(ax-1)$

139. $\int x^n e^{ax} dx = \frac{1}{a} x^n e^{ax} dx - \frac{n}{a} \int x^{n-1} e^{ax} dx \quad (n>0)$

140. $\int x^n e^{ax} dx = \frac{x^n b^{ax}}{a \ln b} - \frac{n}{a \ln b} \int x^{n-1} b^{ax} dx \quad (n > 0)$

141. $\int e^{ax} \sin bx\, dx = \frac{e^{ax}}{a^2 + b^2}(a \sin bx - b \cos bx)$

142. $\int e^{ax} \cos bx\, dx = \frac{e^{ax}}{a^2 + b^2}(a \cos bx - b \sin bx)$

143. $\int \ln ax\, dx = x \ln ax - x$

144. $\int x^n \ln ax\, dx = x^{n+1}\left[\frac{\ln ax}{n+1} - \frac{1}{(n+1)^2}\right]$

145. $\int \frac{dx}{x \ln ax} = \ln(\ln ax)$

[L. 쌍곡선함수의 적분]

146. $\int \sinh ax\, dx = \frac{1}{a} \cosh ax$

147. $\int \sinh^2 ax\, dx = \frac{1}{4a} \sinh 2ax - \frac{1}{2} x$

148. $\int \cosh ax\, dx = \frac{1}{a} \sinh ax$

149. $\int \cosh^2 ax\, dx = \frac{1}{4a} \sinh 2\, ax + \frac{1}{2} x$

150. $\int \tanh ax\, dx = \frac{1}{a} \ln(\cosh ax)$

151. $\int \tanh^2 ax\, dx = x - \frac{1}{a} \tanh ax$

152. $\int \cosh ax\, dx = \frac{1}{a} \ln(\sinh ax)$

153. $\int \cosh^2 ax\, dx = x - \frac{1}{a} \coth ax$

154. $\int \operatorname{sech} ax\, dx = \frac{1}{a} \tan^{-1}(\sinh ax)$

155. $\int \operatorname{sech}^2 ax\, dx = \frac{1}{a} \tanh ax$

156. $\int \operatorname{csch} ax\, dx = \frac{-1}{a} \ln(\coth ax + \operatorname{csch} ax)$ 또는 $\frac{1}{a} \ln \tanh \frac{ax}{2}$

157. $\int \operatorname{csch}^2 ax\, dx = -\frac{1}{a}\coth ax$

158. $\int \operatorname{sech} ax \tan ax\, dx = -\frac{1}{a}\operatorname{sech} ax$

159. $\int \operatorname{csch} ax \coth ax\, dx = -\frac{1}{a}\operatorname{csch} ax$

4. 그리스 문자

A, α 알파(Alpha)
B, β 베타(Beta)
Γ, γ 감마(Gamma)
Δ, δ 델타(Delta)
E, ε 엡실론(Epsilon)
Z, ζ 제타(Zeta)
H, η 에타(Eta)
Θ, θ 세타(Theta)
I, ι 요타(Iota)
K, κ 카파(Kappa)
Λ, λ 람다(Lambda)
M, μ 뮤(Mu)
N, ν 뉴(Nu)
Ξ, ξ 크시(Xi)
O, o 오미크론(Omicron)
Π, π 파이(Pi)
P, ρ 로(Rho)
Σ, σ 시그마(Sigma)
T, τ 타우(Tau)
Υ, υ 입실론(Upsilon)
Φ, ϕ 피(Phi)
X, χ 키(Chi)
Ψ, ψ 프시(Psi)
Ω, ω 오메가(Omega)

연습문제 해답

제 1 장

[연습문제 1.1]

1. (1) 정의역 : $(-\infty, -1] \cup [1, \infty)$, 치역 : $[0, \infty)$
   (2) 정의역 : $(-\infty, -1) \cup (1, \infty)$, 치역 : $(0, \infty)$
   (3) 정의역 : $(-\infty, \infty]$, 치역 : $[-1, 1)$
   (4) 정의역 : $\{x \in \mathbb{R} | x \neq \pm 1\}$, 치역 : $\left\{y \in \mathbb{R} | y \neq 0, \frac{1}{2}\right\}$
2. 그래프는 생략
   (1) 전사　　(2) 전사　　(3) 전단사　　(2) 단사
3. (1) $(f \circ g)(x) = x$, $(g \circ f)(x) = |x|$
   (2) $(f \circ g)(x) = -x$, $(g \circ f)(x) = \frac{1}{x}$
4. $h(x) = -2x + 1$
5. (1) 우함수　　(2) 우함수도 기함수도 아님
   (3) 기함수　　(4) 우함수

[연습문제 1.2]

1. (1) 0
   (2) $\frac{5}{4+c}$ (단, $c \neq -4$), $c = -4$일 때는 극한값은 존재하지 않는다.
   (3) 0　　(4) -1
   (5) $\frac{1}{2}$　　(6) $\frac{1}{2}$
   (7) $\frac{1}{4}$　　(8) 0

2. (1) $\frac{1}{2}$ (2) -1

3. (1) 존재하지 않는다. (2) a^2

(3) $\frac{2}{3}$ (4) 2 (5) 1 (6) 3 (7) $-\infty$

(8) (좌극한)$=-1$, (우극한)$=1$ ∴ 존재하지 않는다.

[연습문제 1.3]

1. (1) 불연속 (2) 불연속 (3) 불연속

(4) 연속($x=1$), 불연속($x=-1$) (5) 연속

2. 그래프는 생략

$x=-1$, 1에서 불연속

3. (1) $f(x)=x^3+3x-2$라 놓으면 구간 $[0, 1]$에서 연속이다. 이때, $f(0)=-2<0$이고 $f(1)=2>0$ 이므로 중간값 정리에 의해 $f(c)=0$ 즉, $c^2+3c=2$가 되는 실수 c가 개구간 $(0, 1)$에 적어도 하나 존재한다.

(2) $f(x)=(x^2-1)\cos x+\sqrt{2}\sin x$라 놓으면 구간 $[0, \frac{\pi}{2}]$에서 연속이다. 이때, $f(0)=-1<0$이고 $f\left(\frac{\pi}{2}\right)=\sqrt{2}>0$이므로 중간값 정리에 의해 $f(c)=0$이 되는 실수 c가 개구간 $\left(0, \frac{\pi}{2}\right)$에 적어도 하나 존재한다.

제 2 장

[연습문제 2.1]

1. $\sin\theta=-\frac{5}{13}$, $\cos\theta=-\frac{5}{12}$

2. θ가 제 2 사분면의 각이면 $-\frac{7}{16}$이고, 제 4 사분면의 각이면 $-\frac{1}{2}$이다.

3. (1) 2 (2) 1 (3) 4

4. $\frac{1-2\cos^2\theta+2\cos^4\theta}{\cos^4\theta}$

5. (1) $\frac{\sqrt{7}}{2}$ (2) $\frac{11}{16}$

6. 생 략.

7. $\frac{1}{3}$

8. (1) $2 : (\sqrt{3}+1) : \sqrt{6}$ (2) $\angle A=\frac{\pi}{4}$, $\angle C=\frac{\pi}{3}$

9. $\frac{2\pi}{3}$

10. (1) $\overline{AC}=\overline{BC}$인 이등변삼각형
 (2) 정삼각형
 (3) $\angle B$ 또는 $\angle A$가 직각인 직각삼각형

[연습문제 2.2]

1. (1) 1 (2) $\frac{\pi}{4}$

2. (1) $-\frac{3}{4}$ (2) $\frac{11}{16}$ (3) $\pm\frac{3\sqrt{7}}{7}$

3. $\frac{3}{\sqrt{10}}$

4. $\cos 3\alpha=\frac{10\sqrt{2}}{27}$, $\sin 3\alpha=\frac{23}{27}$

5. (1) $\frac{2-\sqrt{3}}{4}$ (2) $\frac{1}{\sqrt{2}}$ (3) $\frac{\sqrt{3}}{8}$ (4) 0

6. (최대값)$=\sqrt{2+\sqrt{2}}$, (최소값)$=-\sqrt{2+\sqrt{2}}$

7. $\sin\left(\theta+\frac{\pi}{6}\right)$

8. $\sin 18^\circ=\frac{-1+\sqrt{5}}{4}$, $\cos 18^\circ=\frac{\sqrt{10+2\sqrt{5}}}{4}$

[연습문제 2.3]

1. (1) 3 (2) 0 (3) $\frac{1}{2}$ (4) 0

2. (1) $\frac{1}{2}$ (2) $\frac{1}{2}$ (3) $\frac{b^2-a^2}{2}$

3. (1) 2 (2) $\frac{\pi^2}{2}$

4. (1) m (2) $-\frac{1}{2}$

5. $m=-7$, $n=4$

제 3 장

[연습문제 3.1]

1. $3x_1^2+3x_1\cdot(\Delta x)+(\Delta x)^2$
2. (1) $f'(1)=0$
   (2) $f'(\sqrt{3})=2\sqrt{3}$
   (3) $f'(-3)=-\dfrac{1}{9}$
3. (1) 미분가능하다. (2) 미분가능하다.
4. 연속이지만 미분가능하지 않다.
5. (1) $y'=\dfrac{1}{x^2}$ (2) $y'=\dfrac{1}{2\sqrt{x}}$
6. $f'(1)=-1$
7. (1) $y''=0$ (2) $y''=2\sqrt{3}$

[연습문제 3.2]

1. (1) $f'(x)=0$ (2) $f'(x)=100x^{99}$
   (3) $f'(x)=2x+3$ (4) $y'(x)=-6x^2+6x-1$
2. (1) 372 (2) 26
3. $y'=3(x^2+x)^2(2x+1)$, $y''=6x(x+1)(5x^2+5x+1)$
4. (1) 1 (2) -4
5. (1) $y'=24x^5+6x^2$
   (2) $y'=-3-8x$
   (3) $y'=x^2+x+1$
   (4) $f'(x)=-135x^8-40x^7+24x+4$
   (5) $f'(x)=8x^3-3x^2+4x-1$
   (6) $f'(x)=(x^2-x)^2(8x^3+16x^2-42x+15)$

[연습문제 3.3]

1. (1) -6 (2) -3 (3) -5 (4) 12

2. (1) 접선의 방정식 : $y=-4x+4$, 법선의 방정식 : $y=\frac{1}{4}x-\frac{9}{2}$

(2) 접선의 방정식 : $y=-x+1$, 법선의 방정식 : $y=x-1$

(3) 접선의 방정식 : $y=\frac{1}{2}x+\frac{1}{2}$, 법선의 방정식 : $y=-2x+3$

3. $y=x-3$

4. $a=-3$, $b=6$, $f'(2)=0$

5. (1) $y=3x-\frac{9}{2}$, $y=-x-\frac{1}{2}$

(2) $y=3x+1$

(3) $y=x+2$

6. (1) $4\sqrt{5}$ (2) 16

[연습문제 3.4]

1. (1) $c=4$ (2) $c=-2, 3$

2. $c=\frac{\sqrt{5}}{2}$

3. (1) 증가하는 구간 : $\left(\frac{3}{2}, \infty\right)$, 감소하는 구간 : $\left(-\infty, \frac{3}{2}\right)$

(2) 증가하는 구간 : $\left(-\infty, \frac{1}{2}\right)$, 감소하는 구간 : $\left(\frac{1}{2}, \infty\right)$

(3) 증가하는 구간 : $(-\infty, -2)\cup(0, \infty)$, 감소하는 구간 : $(-2, 0)$

(4) 증가하는 구간 : $(-1, 0)\cup(1, \infty)$, 감소하는 구간 : $(-\infty, -1)\cup(0, 1)$

4. $x=0$일 때 극대값은 1, $x=2$일 때 극소값은 -3

5. $a=4$, $b=3$

6. $k<\frac{1}{4}$

[연습문제 3.5]

1. (1) $x=2$일 때 극소값 : -7 (2) $x=-4$일 때 극소값 : 1

2. (1) 실수 전체에서 위로 오목

(2) 실수 전체에서 위로 볼록

(3) 위로 오목한 구간 : $(1, \infty)$, 위로 볼록한 구간 : $(-\infty, 1)$, 변곡점 : $\left(1, \frac{4}{3}\right)$

(4) 위로 오목한 구간 : $(-\infty, -1)$, 위로 볼록한 구간 : $(-1, \infty)$, 변곡점 : $(-1, 2)$

3. 생 략

4. 곡선의 개형 생략

(1) 극소점 : $(-\sqrt{2}, 0)$, $(\sqrt{2}, 0)$, 극대점 : $(0, 12)$, 변곡점 : $\left(-\frac{\sqrt{6}}{3}, \frac{16}{3}\right)$, $\left(\frac{\sqrt{6}}{3}, \frac{16}{3}\right)$

(2) 극소점 : $\left(\frac{2}{3}, -\frac{4}{27}\right)$, 극대점 : $(0, 0)$, 변곡점 : $\left(\frac{1}{3}, -\frac{2}{27}\right)$

(3) 극소점 : $(-1, -9)$, 극대점 : $(3, 55)$, 변곡점 : $(1, 23)$

5. 생 략

[연습문제 3.6]

1. (1) 최대값 : 1, 최소값 : -4

   (2) 최대값 : 66, 최소값 : 2

2. 최소값 : -17, 그래프의 개형 생략

3. $r : h = 2 : 1$

4. (1) 하나의 실근 (2) 서로 다른 두 개의 실근

5. $-5 < p < 0$

6. 생 략

7. $t=1$일 때, 속도 : -24, 속력 : 24

   $t=7$일 때, 속도 : 84, 속력 : 84

8. (1) 속도 : 13m/sec, 가속도 : -1.3m/sec^2

   (2) 20초

제 4 장

[연습문제 4.1]

1. $\frac{x^2}{2}+C$
2. $2x^3+C$
3. $\frac{x^4}{4}+C$
4. $\frac{x^6}{4}+C$
5. $2x^2+C$
6. $-\frac{3}{5}x^5+C$
7. $\frac{\sqrt{2}}{2005}x^{2005}+C$
8. $\frac{24x^7}{7}+C$
9. $\frac{(x-2)^2}{2}+C$
10. $\frac{(3x+5)^2}{6}+C$
11. $-x^3+\frac{7x^2}{2}+C$
12. $-x^3+x^2+C$

13. $\frac{x^3}{3}+x^2+C$ 14. $\frac{2x^3}{3}-2x^2+C$ 15. $\frac{x^3}{3}-\frac{5x^2}{2}+4x+C$

16. $\frac{3x^5}{5}-x^2+x+C$ 17. $x^3-\frac{7x^2}{2}+4x+C$ 18. $-\frac{5x^8}{8}-9x+C$

19. $\frac{x^6}{6}-\frac{8x^5}{5}+x^3-x+C$ 20. $\frac{(x-5)^{11}}{11}+C$ 21. $\frac{(3x-2)^8}{24}+C$

22. $\frac{x^5}{5}-\frac{7x^2}{2}-9x+C$ 23. $\frac{x^4}{4}-\frac{\sqrt{2}}{3}x^3-7x+C$ 24. $\frac{x^{10}}{10}-\frac{2x^7}{7}+\frac{x^2}{2}+7x+C$

25. $\frac{x^3}{3}+\frac{x^2}{2}-2x+C$ 26. $(x-3)^5+C$ 27. $-\frac{(4-x)^4}{4}+C$

28. $\frac{(2x-1)^{2005}}{4010}+C$ 29. $\frac{x^4}{4}-\frac{5x^3}{3}+3x^2+C$ 30. $\frac{(3x-4)^8}{24}+C$

[연습문제 4.2]

1. (1) ① 20 ② 20 ③ 20 ④ $f(x)$가 상수함수이므로 모두 같다.
   (2) ① -30 ② -42 ③ -36 ④ $f(x)$가 감소함수이므로 ② < ③ < ①
   (3) ① 110 ② 238 ③ 165 ④ $f(x)$가 증가함수이므로 ① < ③ < ②

2. (1) $\int_0^1 x\,dx$ (2) $\int_0^1 x^2 dx$
   (3) $\int_0^1 (1+2x)^3 dx$ (4) $\int_0^1 4(3+2x)^2 dx$

3. (1) $\frac{9}{2}$ (2) $\frac{2}{3}$
   (3) $\frac{3}{2}$ (4) -4

[연습문제 4.3]

1. (1) $x-5$ (2) x^3-x^2+3x+1
   (3) x^2-5x+3 (4) $-x^2-7$

2. (1) $\frac{1}{6}$ (2) $\frac{1}{16}$ (3) $\frac{56}{3}$ (4) $\frac{46}{15}$ (5) $\frac{43}{12}$
   (6) 0 (7) 2 (8) $\frac{5}{2}$ (9) $\frac{23}{3}$ (10) 2

3. 미적분학의 기본정리를 이용

4. 미적분학의 기본정리와 합성함수의 미분을 이용

[연습문제 4.4]

1. (1) $\frac{1}{6}$ (2) 9 (3) $\frac{9}{2}$ (4) $\frac{37}{12}$

2. (1) $\frac{32}{5}\pi$ (2) $\frac{117}{5}\pi$ (3) $\frac{16}{3}\pi$ (4) $\frac{108}{5}\pi$

3. (1) $-5t^2+60t$ (2) 180m (3) 260m

4. [정리 4.8]의 증명과 유사

5. (1) $\frac{1}{2}\pi$ (2) $\frac{\pi}{6}$

제 5 장

[연습문제 5.1]

1. (1) $f'(x)=-\frac{10}{x^3}+\frac{2x}{3}$ (2) $f'(x)=\frac{13}{(5x+1)^2}$

(3) $f'(x)=\frac{-x^2+4x+3}{(x^2+x+1)^2}$ (4) $f'(x)=\frac{-4x^2+6x-11}{(x^2-5x+1)^2}$

(5) $f'(x)=\frac{x^4+3x^2+2x}{(x^2+1)^2}$ (6) $f'(x)=5-\frac{3}{x^4}-\frac{5}{x^2}+3x^2$

2. 생략

3. $v'(m)=-\frac{14.11}{(m+0.05)^2}$이므로 $v'(m)<0$이다. 따라서 골프클럽의 무게가 무거울수록 스윙 속도가 느려지므로 공의 비행거리가 짧아진다.

4. $F'(v)=\frac{2(Av^4-B)}{v^3}$이므로, $v>0$이라면 $Av^4-B=0$일 때 $F(v)$는 최소가 된다.

따라서 $\frac{B}{A}=v^4=260^4=4569760000$이다.

[연습문제 5.2]

1. (1) $f'(x)=9x^2(x^3+1)^2$ (2) $f'(x)=4000000(x^{2001}+x)^{1999}$

(3) $-10(3x+1)(3x^2+2x+1)^{-6}$ (4) $f'(x)=\frac{6}{(1-2x)^4}$

2. (1) $f'(x)=\frac{1}{2\sqrt{x+10}}$ (2) $f'(x)=\frac{2x^3+1}{\sqrt{x^4+2x+1}}$

(3) $f'(x)=2(2x+1)^4(7x^2+x+5)$ (4) $f'(x)=\frac{-(x+1)^2(2x+1)}{(2x-1)^5}$

(5) $f'(x)=-\frac{2(2x+1)^2(3x^3+3x^2+2x+1)}{(x^3-2x-1)^3}$

3. (1) 극소점 : $(0, -125)$ 변곡점 : $(-\sqrt{5}, 0)$, $(-1, -64)$, $(1, -64)$, $(\sqrt{5}, 0)$

(2) 극소점 : $(2, 0)$, 변곡점 : 없음

(3) 극소점 : $(0, 1)$, 변곡점 : 없음

(4) 극소점 : $(0, 0)$, 변곡점 : $\left(\frac{1}{2}, \frac{1}{9}\right)$

(5) 극대점 : $\left(-4, -\frac{27}{2}\right)$, 변곡점 : $(2, 0)$

(6) 극소점 : $(9, 27)$, 변곡점 : $(-3, 0)$

4. $F'(p)=k(1-p)^{m-n-1}p^{n-1}(n-mp)$이므로 $p=\frac{n}{m}$일 때 극대값을 갖고, 이때 $F(p)$의 값이 최대값이다.

[연습문제 5.3]

1. (1) $\frac{x}{y}$ (2) $-\frac{x^2+y}{x+y^2}$ (3) $-\sqrt{\frac{y}{x}}$ (4) $\frac{3x^2-1}{4y^3}$ (5) $-\frac{y^2}{x^2}$

(6) $\frac{1-3(x+2y)^2}{6(x+2y)^2}$

2. (1) $y=\frac{-x+5}{2}$ (2) $y=-2x+6$ (3) $y=\frac{x+4}{3}$

3. 120cm/sec

4. $\frac{x_0x}{a^2}+\frac{y_0y}{b^2}=1$

5. $\frac{x_0x}{a^2}-\frac{y_0y}{b^2}=1$

[연습문제 5.4]

1. (1) $\frac{1}{3x^2}$ (2) $-\frac{(3x-1)^6}{30(3x+1)^4}$ (3) $\frac{x^2}{x^2-1}$

2. (1) $\frac{1}{35}$ (2) -4

3. 생략

4. (1) 생략 (2) $\frac{dy}{dx}=\frac{t^2-1}{2t}$

5. $-6 \leq a \leq 6$

제 6 장

[연습문제 6.1]

1. 생략

2. (1) $f'(x)=\dfrac{x\cos x-\sin x}{x^2}$ (2) $f'(x)=2x\cos x-x^2\sin x$

(3) $f'(x)=\sec x(\tan^2 x+\sec^2 x)$ (4) $f'(x)=-\dfrac{x\cos\sqrt{1-x^2}}{\sqrt{1-x^2}}$

(5) $f'(x)=-\sin(\sin x)\cos x$ (6) $f'(x)=2x\sec^2(1+x^2)$

3. (1) $y=x,\ y=-x$

(2) $y=\dfrac{\sqrt{2}}{2}x+\dfrac{\sqrt{2}}{2}-\dfrac{\sqrt{2}}{8}\pi,\ y=-\sqrt{2}x+\dfrac{\sqrt{2}}{2}+\dfrac{\sqrt{2}}{4}\pi$

(3) $y=-x+\pi,\ y=x-\pi$

4. (1) $y=x,\ y=-x$ (2) $y=2x-\dfrac{\pi}{2}+1,\ y=-\dfrac{1}{2}x+\dfrac{\pi}{8}+1$

(3) $y=2x+\dfrac{\pi}{2}-1,\ y=-\dfrac{1}{2}x-\dfrac{\pi}{8}-1$

5. $y=-2x+\pi$

6. (1) 0 (2) $-\dfrac{36}{\pi}$ (3) $-\dfrac{1}{\sqrt{2}}$

7. 극대값 : $f\left(\dfrac{\pi}{3}\right)=2$, 극소값 : $f\left(\dfrac{4}{3}\pi\right)=-2$

8. (1) $\cos x+x+C$ (2) $-\cot x+C$

(3) $\sec x+C$ (4) $\dfrac{\pi}{4}+\dfrac{1}{2}$ (5) $-1-\dfrac{\pi}{4}$

9. (1) $\dfrac{1}{4}$ (2) $\dfrac{3\sqrt{3}}{16}\pi$

[연습문제 6.2]

1. 생략.

2. (1) $\ln\dfrac{(x+1)^2}{x}$ (2) $\ln\sqrt{x^2-9x}$ (3) $\ln\dfrac{x^2(x-2)}{x+2}$

(4) $-\ln(x-3)$

3. (1) $\dfrac{dy}{dx}=\dfrac{4}{x}$ (2) $\dfrac{dy}{dx}=\dfrac{2\ln x}{x}$ (3) $\dfrac{dy}{dx}=\cot x$

(4) $\frac{dy}{dx}=\frac{1}{2x+4\sqrt{x}}$ (5) $\frac{dy}{dx}=\frac{1}{2x\sqrt{\ln x}}$ (6) $\frac{dy}{dx}=\frac{-\sin}{x}$

4. (1) $\frac{dy}{dx}=\frac{-y}{x(y+1)}$ (2) $\frac{dy}{dx}=\frac{\tan y}{x(\tan y-\sec^2 y)}$

5. (1) $\frac{dy}{dx}=\frac{(2x+3)(3x+4)}{5x+6}\left(\frac{2}{2x+3}+\frac{3}{3x+4}-\frac{5}{5x+6}\right)$

(2) $\frac{dy}{dx}=\sqrt{\frac{x^2+1}{x^2-1}}\left(\frac{x}{x^2+1}-\frac{x}{x^2-1}\right)$

6. (1) $\frac{1}{2}\ln|2x|+C$ (2) $\ln|x^5+1|+C$

(3) $t+\ln|t|+C$ (4) $-\frac{1}{3}\ln|1+\cos 3\theta|+C$

(5) $\ln|\sin x|+C$ (6) $-\ln|\csc x+\cot x|+C$

7. $x=\pm 3$

[연습문제 6.3]

1. (1) $\frac{dy}{dx}=2xe^{x^2}$ (2) $\frac{dy}{dx}=3^{\sqrt{x}}\ln 3\cdot\frac{1}{2\sqrt{x}}$

(3) $\frac{dy}{dx}=2^{-x^2}\ln 2\cdot\left(-2x\right)$ (4) $\frac{dy}{dx}=e^{-3x}(1-3x)$

(5) $\frac{dy}{dx}=x^{\sin x}\left(\cos x\ln x+\frac{\sin x}{x}\right)$

(6) $\frac{dy}{dx}=(1+\cos x)^{\sin x}\left(\cos x\ln(1+\cos x)-\frac{\sin^2 x}{1+\cos x}\right)$

2. (1) $e^x+\cos x+C$ (2) $e^x-2\ln|x|+C$

(3) $\frac{4^x}{\ln 4}+\frac{2^x}{\ln 2}+C$ (4) $2e^x-\frac{3^x}{\ln 3}+C$

(5) $\frac{1}{2}(e^2-1)$ (6) $\frac{12}{\ln 3}$

3. $\frac{x}{a}-\frac{b}{a^2}\ln|ax+b|+C$

4. $f(x)=2\sin x+e^x+3$

5. $\frac{\pi}{2}(e^2-4e+5)$

6. $\frac{\pi}{2}(e^2-4e+5)$

[연습문제 6.4]

1. 2. 생략

3. (1) $\sinh x_0=\frac{3}{4}$, $\tanh x_0=\frac{3}{5}$, $\operatorname{csch} x_0=\frac{4}{3}$, $\operatorname{sech} x_0=\frac{4}{5}$, $\coth x_0=\frac{5}{3}$

(2) $\sinh x_0=-\frac{4}{3}$, $\cosh x_0=\frac{5}{3}$, $\operatorname{csch} x_0=-\frac{3}{4}$, $\operatorname{sech} x_0=\frac{3}{5}$, $\coth x_0=-\frac{5}{4}$

(3) $\sinh x_0=\frac{1}{\sqrt{3}}$, $\cosh x_0=\frac{2}{\sqrt{3}}$, $\tanh x_0=\frac{1}{2}$, $\operatorname{sech} x_0=\frac{\sqrt{3}}{2}$, $\operatorname{csch} x_0=\sqrt{3}$

(4) $\sinh x_0=\frac{8}{15}$, $\cosh x_0=\frac{17}{15}$, $\tanh x_0=\frac{8}{17}$, $\operatorname{csch} x_0=\frac{15}{8}$, $\coth x_0=\frac{17}{8}$

4. 생략

5. (1) $\frac{dy}{dx}=\sinh(x^4)\cdot 4x^3$ (2) $\frac{dy}{dx}=\cosh(3x+5)\cdot 3$

(3) $\frac{dy}{dx}=\frac{2\operatorname{sech}^2(2x)}{\tanh x}$ (4) $\frac{dy}{dx}=-\frac{\operatorname{csch}^2(\ln x)}{x}$

(5) $\frac{dy}{dx}=-\operatorname{sech}(e^{2x})\ \tanh(e^{2x})\cdot 2e^{2x}$

(6) $\frac{dy}{dx}=\frac{2\operatorname{csch}\left(\frac{1}{x^2}\right)\ \coth\left(\frac{1}{x^2}\right)}{x^3}$

6. $\ln\frac{3+\cosh 2}{3+\cosh 1}$ 또는 $\ln\frac{6+e^2+e^{-2}}{6+e+e^{-1}}$

제 7 장

[연습문제 7.1]

1. (1) $\frac{2}{5}(x^2+4)^{\frac{5}{2}}+C$ (2) $\frac{-1}{4(x^8+4x-1)}+C$

(3) $-\frac{1}{2\tan^2 x}+C$ (4) $e^{\sin x}+C$ (5) $\frac{1}{6}\tan 2x+C$

2. (1) $\frac{\sin(x^2+2x)}{2}+C$ (2) $\frac{(x^4+2)^{\frac{1}{2}}}{2}+C$

(3) $\frac{-3(x^{\frac{4}{3}}+1)^{-\frac{1}{2}}}{2}+C$ (4) $\frac{-\cos^4(x^2)}{4}+C$

(5) $-\cos(x+4)+C$ (6) $\frac{(x^5+x)^{101}}{101}+C$

(7) $\sqrt{x^2+2x+3}+C$ (8) $\ln(e^x+e^{-x})+C$

(9) $\frac{1}{6}\ln(1+3x^2)+C$ (10) $\frac{1}{2}\ln(x^2+2x+10)+C$

(11) $\ln|e^x+x|+C$ (12) $-2\sqrt{4-x}+C$

(13) $\frac{1}{18}(x^2+5)^9+C$ (14) $-\frac{1}{8}(\cos x+5)^8+C$

3. (1) $\frac{2(3\sqrt{3}-1)}{3}$ (2) $\frac{5\sqrt{5}-1}{3}$ (3) $\frac{2[(25)^{\frac{9}{4}}-(9)^{\frac{9}{4}}]}{9}$

(4) $\frac{1}{7}$ (5) $\frac{3}{2}+\ln 2$ (6) $-\frac{1}{3}$

(7) 0 (8) 1 (9) $\frac{1}{4}$

(10) $\ln 2$ (11) $\frac{7}{3}5^{\frac{3}{2}}$ (12) $\frac{2}{5}$

4. (1), (2), (3) 모두 $\frac{\sin^2 x}{2}+C$이다.

5. (1) x^4+2x^2+C (2) $(x^2+1)^2+C$

결론 : 두 결과는 같다. 따라서 같은 함수의 부정적분이다.

6. (1)과 (2) 모두 $\frac{1}{2}$이다.

7. m은 $m \geq 0$인 정수이고 n은 홀수인 양의 정수, 또는 n은 $n \geq 0$인 정수이고 m은 홀수인 양의 정수일 때 구할 수 있다.

[연습문제 7.2]

1. (1) $(x+1)\sin x+\cos x+C$ (2) $(x^2-2)\sin x+2x\cos x+C$

2. (1) $(x+1)e^x+C$ (2) $x(\ln 10x)-x+C$

(3) $\frac{x^3}{9}(3\ln x-1)+C$ (4) $\frac{e^{3x}(9x^2-6x+2)}{27}+C$

(5) $\frac{-[\ln(\cos x)]^2}{2}+C$ (6) $-\frac{1}{x}\ln x-\frac{1}{x}+C$

3. (1)과 (2) 모두 $\frac{\sin^2 x}{2}+C$이다.

4. (1) $\frac{9}{2}\ln 3-2$ (2) $5\ln 5-4$

5. (1) $\cos 5+5\sin 5-\cos 3-3\sin 3$ (2) $\frac{16+\pi}{5}$

6. (1) $u=x^n$, $dv=e^x dx$라 하면 $du=nx^{n-1}dx$이고 $v=e^x$이다.

$$\therefore\ I=x^n e^x-n\int x^{n-1}e^x dx$$

(2) $u=\cos^{n-1}x$, $dv=\cos x\,dx$라 하면, $du=(n-1)\cos^{n-2}x(-\sin x)dx$이고 $v=\sin x$이다. 이제 부분적분법을 사용하여 예제 5와 같이 한다.

(3) $u=x^n$, $dv=\sin ax\,dx$라 하면 $du=nx^{n-1}dx$이고 $v=-\dfrac{1}{a}\cos ax$이다.

$$\therefore\ I=-\frac{1}{a}x^n\cos ax-\int (nx^{n-1})\left(-\frac{1}{a}\cos ax\right)dx$$

$$=-\frac{1}{a}x^n\cos ax+\frac{n}{a}\int x^{n-1}\cos ax\,dx$$

(4) $u=x^n$, $dv=\cos ax\,dx$라 하면 $du=nx^{n-1}dx$이고 $v=\dfrac{1}{a}\sin ax$이다.

$$\therefore\ I=\frac{1}{a}x^n\sin ax-\int (nx^{n-1})\left(\frac{1}{a}\sin ax\right)dx$$

$$=\frac{1}{a}x^n\sin ax-\frac{n}{a}\int x^{n-1}\sin ax\,dx$$

찾아보기

[ㅈ]

[ㅍ, ㅎ]

[기타]

대학 기초수학

2017년 2월 27일 인쇄
2017년 3월 02일 발행

저 자 / 윤행원 · 이정례 · 곽태근
이성진 · 김원배 · 김봉진

발행자 / 오판근
발행처 / (주)교 우

주 소 / 서울특별시 동대문구 약령시로 8 교우빌딩 2층
전 화 / 925-2861~2, 편집부 / 925-2825, 홈쇼핑 / 969-5762
팩 스 / 925-2860

E-mail / kyowoo@kyowoo.co.kr
홈페이지 / http://www.kyowoo.co.kr
북스토어(쇼핑몰) / http://www.kyowoo.co.kr

등록 / 1994. 3. 24 제1994-000013호

ISBN 978-89-8172-434-4 (93410)

값 15,000 원